全国职业院校课程改革/融合媒体教材

计算机网络基础与应用
（实验指南）

郑阳平　　张清涛　景　妮　编著

U0217683

电子工业出版社·
Publishing House of Electronics Industry
北京·BEIJING

内 容 简 介

本书按照初学者的认知规律，由易到难、从简单到复杂组织实验任务和典型习题案例。将模拟软件和真实环境有机结合，建立初学者设计、配置、排除网络故障所需的教学环境。应用服务器配置以 Windows Server 2012 R2 网络操作系统真实环境为例进行项目实践，交换机和路由器基本配置采用免费的模拟器软件 Packet Tracer 进行项目实施，虚实融合完成实践动手能力的培养。本书与《计算机网络基础与应用（学习指南）》配套使用，按照单元对典型习题进行解析，更加方便读者学习，使其能系统地掌握计算机网络技术基础和基本技能。

本书难度适中，概念清晰，图文并茂，通俗易懂，理论结合实际，实用性强，是学习计算机网络技术基础和应用技术的理想实践教材，可作为高职高专院校、应用型本科院校计算机相关专业的教材，也适合于非计算机专业及其他相关人员学习。

图书在版编目（CIP）数据

计算机网络基础与应用：实验指南 / 郑阳平，张清涛，景妮编著. —北京：电子工业出版社，2020.6
ISBN 978-7-121-39202-3

Ⅰ. ①计… Ⅱ. ①郑… ②张… ③景… Ⅲ. ①计算机网络—高等学校—教材 Ⅳ. ①TP393

中国版本图书馆 CIP 数据核字（2020）第 115245 号

责任编辑：祁玉芹
印　　刷：三河市良远印务有限公司
装　　订：三河市良远印务有限公司
出版发行：电子工业出版社
　　　　　北京市海淀区万寿路 173 信箱　邮编　100036
开　　本：787×1092　1/16　印张：14.75　字数：377 千字
版　　次：2020 年 6 月第 1 版
印　　次：2023 年 1 月第 2 次印刷
定　　价：34.00 元

凡所购买电子工业出版社图书有缺损问题，请向购买书店调换。若书店售缺，请与本社发行部联系，联系及邮购电话：（010）88254888，88258888。

质量投诉请发邮件至 zlts@phei.com.cn，盗版侵权举报请发邮件至 dbqq@phei.com.cn。

本书咨询联系方式：qiyuqin@phei.com.cn。

前　言

　　计算机网络基础课程是计算机类及相关专业的重要基础课程。随着计算机网络技术的飞速发展，计算机网络的课程内容也需要进行教学改革，以《高等职业学校专业教学标准（计算机类）》为依据，及时更新教材内容，突出计算机网络的实用性，充分体现职业教育的理念，强化学生实践动手能力。本书结合计算机网络基础课程的教学改革、生源结构变化情况和教学实战经验组织编写而成。《计算机网络基础与应用（学习指南）》和《计算机网络基础与应用（实验指南）》组成"基础理论+实用技术+实践技能+习题解析"一体化新形态教材，符合教师、教材、教法"三教"改革的需要。

　　本书以突出基本技能和操作为核心，注重学生职业技能操作能力的培养和网络经验的积累，主要介绍实用网络技能操作和典型习题解析。主要包括宏观认识校园网，模拟软件Packet Tracer 使用及协议数据单元观察、常用的网络命令、双绞线的制作与测试、以太网的组建和平滑升级改造、IP 地址与子网划分、无线网络组建、交换机的基本配置、VLAN 基本配置、路由器的基本配置、静态路由配置、文件共享和用户管理、Web 服务器配置与管理、DNS 服务器配置、FTP 服务器配置、DHCP 服务器配置、使用 Foxmail 收发邮件、Windows防火墙设置、中小型局域网的组建和设计。

　　本书将模拟软件和真实环境有机结合，建立初学者设计、配置、排除网络故障所需的教学环境。应用服务器配置以 Windows Server 2012 R2 网络操作系统真实环境为例进行项目实践，模拟通信过程、交换机和路由器基本配置、VLAN 划分、静态路由等采用免费的模拟器软件 Packet Tracer 来进行项目实施，虚实融合完成实践动手能力的培养。

　　本书具有以下四个特点：

　　（1）本书以高职高专和应用型本科教育的教育教学理念为编写思路，以"实验案例巩固理论知识，强调技能操作，淡化技术原理"为原则，以实践操作为重点进行教学项目任务设计，充分体现和落实技术技能人才的培养目标。

　　（2）打造虚、实融合为一体的实验指南教程。本书采用 VMware+ Windows Server 2012 R2+ Windows 10+Packet Tracer 环境，通过实验项目的模仿训练，可提高学生知识灵活应用能力和实践操作能力的培养，在"学、仿、做"中达到理论与实践的高度统一。

　　（3）依据"基础理论+实用技术+实验操作+心得体会"的编写组织形式，对每个实验任务从"预备知识、实验目的、背景描述、实验设备、实验内容及步骤、注意事项、项目拓展、实践评价"八个环节进行内容组织和任务实施。通过实践实训项目，给学生营造通过实践任务来感悟工程项目的情境。本书在内容和体系结构上进行了改革，重点突出实际动手能力和解决实际问题能力的培养，强化职业技能训练，积累网络技术经验。

　　（4）本书以实验项目任务为载体，融入 1+X 证书内容，突出教与学、学与练的结合，实验任务内容安排符合当代职业教育能力培养的基本要求和规律。在实验任务项目选取上，注重紧跟行业技术发展，融入新知识、新技术、新内容和新工艺，创新实践教学内容。

授课时请与《计算机网络基础与应用（学习指南）》教材配合使用，理论结合实践，将"学中做"与"做中学"的思想融入教学过程中，突出实用技能操作在本课程的作用。

本书由郑阳平、张清涛、景妮编著，郝春雷主审，郑阳平负责编著和统稿。单元 1 和单元 2 由景妮负责编写，单元 3 由张清涛负责编写，单元 4 及附录由郑阳平负责编写。在编写过程中，得到了学校领导和同事们的大力支持和帮助，并获得了许多宝贵的建议和意见，也借鉴了大批优秀教材、实用技术资料和华为网站上关于网络互联设备的图片、3D 展示和技术手册的部分内容，吸取了许多专家和同行的宝贵经验，在此向他们深表谢意。

由于编者水平有限，书中难免有不足与疏漏之处，敬请同行专家和广大读者批评指正。

编者

2020 年 3 月

目　录

单元 1　基础技能操作…………………1

实验项目 1　认识校园网络………………1
　　1.1　参观校园网络中心…………………2
　　1.2　认识常见的网络互连设备…………2
　　1.3　认识常见的综合布线产品…………3
　　1.4　绘制网络拓扑结构图………………5

实验项目 2　Packet Tracer 模拟软件的
　　　　　　使用……………………………7
　　2.1　模拟软件下载与安装………………7
　　2.2　模拟软件的基本应用………………8
　　2.3　网络设备配置方法…………………10
　　2.4　终端设备配置方法…………………11

实验项目 3　观察协议数据单元…………15
　　3.1　设备互连及基本参数配置…………16
　　3.2　数据拆封过程………………………17
　　3.3　数据封装过程………………………18

实验项目 4　熟悉常用的网络命令………21
　　4.1　ping 命令……………………………22
　　4.2　ipconfig 命令………………………25
　　4.3　tracert 命令…………………………26
　　4.4　arp 命令……………………………27
　　4.5　netstat 命令…………………………28
　　4.6　nslookup 命令………………………29

单元 2　组网技能操作…………………32

实验项目 5　双绞线的制作与测试………32
　　5.1　直通线的制作步骤…………………33
　　5.2　直通线测试…………………………35
　　5.3　交叉线制作与测试…………………36

实验项目 6　以太网组建与平滑升级改造…38
　　6.1　一期网络建设
　　　　　（共享式以太网）………………39

6.2　二期网络建设
　　　（交换式以太网）………………42
6.3　三期网络建设（基于服务器的
　　　交换式以太网）…………………43

实验项目 7　无线网络组建与调试………45
　　7.1　配置无线路由器 WRT300N………46
　　7.2　配置网络终端………………………47

实验项目 8　交换机的基本配置…………51
　　8.1　使用超级终端连接交换机…………51
　　8.2　交换机工作模式及切换……………54
　　8.3　交换机命令行基本功能……………54
　　8.4　交换机基本配置命令………………56

实验项目 9　交换机上实现 VLAN 划分…59
　　9.1　组网基本配置与测试………………60
　　9.2　交换机的 VLAN 配置………………60
　　9.3　测试实验结果………………………62

实验项目 10　IP 地址与子网划分………66
　　10.1　情境 1 子网划分（等长子网
　　　　　掩码划分）………………………68
　　10.2　情境 2 子网划分
　　　　　（VLSM 划分）…………………69

实验项目 11　路由器基本配置…………73
　　11.1　使用超级终端连接路由器………74
　　11.2　路由器工作模式及基本命令……75
　　11.3　实验过程及测试…………………76

实验项目 12　静态路由配置……………80
　　12.1　路由器基本配置…………………81
　　12.2　静态路由配置……………………83

单元 3　用网和管网技能操作…………86

实验项目 13　文件共享和用户管理………86
　　13.1　配置服务器的基础网络参数……88
　　13.2　添加文件服务器角色……………89

13.3　添加用户和组·················· 91

13.4　创建目录结构并设置共享属性···94

13.5　关闭防火墙··················· 101

13.6　Windows 10 客户端设置········ 102

13.7　文件服务器访问测试········· 103

实验项目 14　DNS 服务器配置······· 108

14.1　配置服务器的基础网络参数····· 109

14.2　添加 DNS 服务器············ 111

14.3　配置 DNS 服务器············ 112

14.4　测试 DNS 服务器············ 114

实验项目 15　FTP 服务器配置········ 118

15.1　配置服务器的基础网络参数····· 119

15.2　添加 IIS 服务器角色········· 119

15.3　新建 FTP 目录和用户········· 120

15.4　新建 FTP 站点··············· 120

15.5　编辑 FTP 站点授权规则········ 122

15.6　关闭防火墙·················· 123

15.7　访问测试···················· 124

实验项目 16　Web 服务器配置········ 127

16.1　配置服务器的基础网络参数····· 128

16.2　添加 IIS 服务器角色········· 128

16.3　新建 Web 服务器文件目录，

并添加主页文件·············· 129

16.4　配置外部网站··············· 130

16.5　配置内部网站··············· 133

16.6　使用虚拟目录··············· 136

16.7　综合测试···················· 137

实验项目 17　DHCP 服务器配置······ 140

17.1　基础网络参数配置··········· 141

17.2　DHCP 角色添加和配置········ 141

17.3　DHCP 服务器测试············ 144

17.4　添加保留···················· 145

实验项目 18　使用 Foxmail 收发邮件··· 148

18.1　创建 Foxmail 邮箱账号······· 150

18.2　使用 Foxmail 收发邮件········ 151

18.3　Foxmail 的其他使用技巧········ 152

实验项目 19　中小型企业网络应用

服务器的规划与配置········· 155

19.1　配置服务器和客户端计算机的基础

网络参数···················· 156

19.2　DNS 服务器配置············ 157

19.3　配置 DHCP 服务器··········· 159

19.4　Web 服务器配置············· 160

19.5　配置外网虚拟 Web 主机······· 162

19.6　FTP 服务器配置·············· 163

实验项目 20　使用 Windows 防火墙保护

个人计算机················· 168

20.1　防火墙的启动和基本配置······· 168

20.2　防火墙的高级设置··········· 169

单元 4　习题解析················· 175

21.1　认识计算机网络············· 175

21.2　认识网络数据通信··········· 178

21.3　计算机网络体系结构·········· 180

21.4　网络传输介质与综合布线

基础······················ 182

21.5　局域网基础················· 185

21.6　组建局域网················· 189

21.7　Internet 基础··············· 194

21.8　网络互联与 Internet 接入········ 200

21.9　Internet 传输协议············ 208

21.10　Internet 应用 ·············· 211

21.11　认识网络安全·············· 218

21.12　综合测试题················ 222

附录 1　全国计算机等级考试三级网络

技术考试大纲 ·············· 227

附录 2　综合测试题参考答案·············· 229

参考文献 ···················· 230

单元 1 基础技能操作

○ 实验项目 1 认识校园网络 ○

【预备知识】

随着计算机网络的快速发展，校园网已覆盖各类高等院校。校园网是一个覆盖整个校园范围的计算机网络，将学校内的计算机、服务器和其他终端连接在一起，并接入 Internet，为广大学生和教师提供资源共享、信息交流和协同工作的计算机网络。校园网不仅能使分布在不同地理位置的网络节点互联在一起组成一个局域网，将学校的各种信息资源高效地组织起来，以满足学校教学、科研、管理和信息交流等方面的需求。通常校园网的主要功能有以下几点：

（1）WWW 服务：校园网站系统，提供信息资源发布、管理和宣传服务，并协助学校内部的管理，如发布通知等。

（2）FTP 服务：提供文件共享和传输服务。

（3）DNS 服务：负责校园网域名解析工作。

（4）电子邮件服务：提供电子邮件系统，满足学校业务的需求。

（5）提供教务和办公自动化服务。

（6）建设电子图书馆和组建大型的分布式数据库系统。

（7）开展多媒体教学、远程教学和视频会议等。

下面以某学校校园网为例，初步认识网络拓扑结构及组成，目的是对局域网有一个初步的感性认识，对计算机网络有一个初步的宏观轮廓，以便读者更好地学习计算机网络。如图 1-1 所示为某学校校园网络拓扑结构。

- 接入层：接入层直接连接终端用户部分；
- 汇聚层：每一楼层都有汇聚层交换机，专门负责把接入层的交换机进行汇聚，接入核心交换机；
- 核心层：是网络的核心，由核心交换机构成骨干线路，并连接网络服务器。服务器分为内网服务器和外网服务器。其中，内网服务器为校园内部提供网络服务，如教务服务器，OA 服务器等；外网服务器主要为校外提供 WWW 和 DNS 服务，如 Web 服务器，DNS 服务器等；
- 网络出口区：有路由器、防火墙、VPN 等主干设备，连接至 ISP（Internet 服务提供商），接入 Internet。

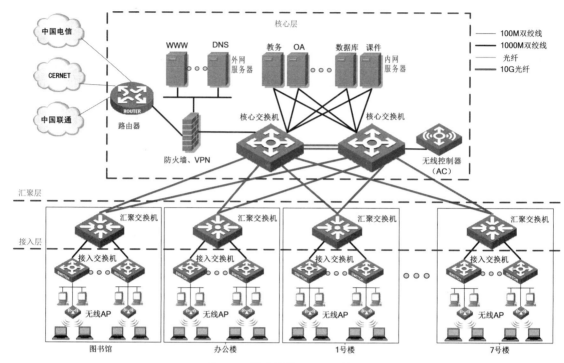

图 1-1　某学校校园网络拓扑图

【实验目的】

1）宏观认识校园网的主要网络互连设备，了解其用途及互连方式。

2）通过参观网络中心，了解校园网的拓扑结构。

3）通过参观网络中心，了解校园网中服务器的组成及功能。

【背景描述】

小希同学想了解学校校园网的建设情况，在教师的带领下，实地参观校园网络中心。

【实验内容及步骤】

1.1　参观校园网络中心

1）由教师对班级人数进行分组，每组 6～8 人，参观网络中心。

2）根据校园网的情况，由教师和校园网络管理员共同引导学生完成校园网的参观，并在参观过程中对学生进行讲解，参观内容包括设备间和网络中心等重要组成部分。

1.2　认识常见的网络互连设备

网络互连设备包括交换机、路由器、防火墙等，从以下几方面认识：

（1）认识网络互连设备的外观、型号和品牌；

（2）查看网络互连设备的端口类型及端口数量；

（3）查看网络互连设备的连接方式。

1.3 认识常见的综合布线产品

网络传输介质包括双绞线、同轴电缆、光纤等，观察认识传输介质、网络接口及常用工具。了解传输介质外观、特性及适用场合。如图 1-2 所示为常见综合布线产品及相关工具。

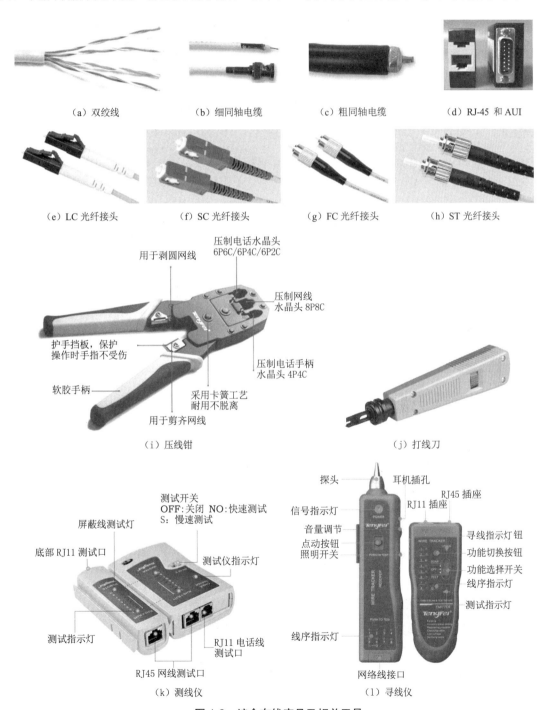

（a）双绞线　　　（b）细同轴电缆　　　（c）粗同轴电缆　　　（d）RJ-45 和 AUI

（e）LC 光纤接头　　（f）SC 光纤接头　　（g）FC 光纤接头　　（h）ST 光纤接头

（i）压线钳　　　　　　　　　　（j）打线刀

（k）测线仪　　　　　　　　（l）寻线仪

图 1-2　综合布线产品及相关工具

（m）非屏蔽网络模块及打线

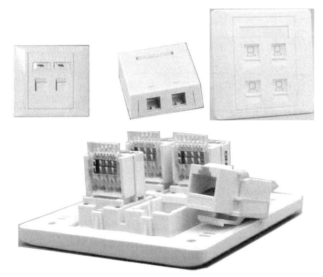

（n）双口 86 型信息面板、双口桌面型信息面板、四口信息面板及背面

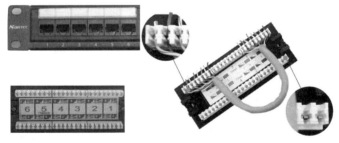

（o）配线架前面板、背面板及打线示例

（p）理线架

图 1-2　综合布线产品及相关工具（续）

（q）机柜

图 1-2　综合布线产品及相关工具（续）

1.4　绘制网络拓扑结构图

学生使用 Word 或 Visio 等工具绘制校园网络的简单网络拓扑结构图，完成实训报告。

【注意事项】

1）请勿喧哗，勿随意触摸设备或线缆。

2）仔细观察网络连接线缆及标签。

3）仔细观察网络互连设备品牌和型号。

【项目拓展】

1）观察认识网络实验室的网络组成，并画出网络拓扑结构图。

2）请根据校园网的建设情况，并查阅相关资料，了解中小型企业网络建设。

【实践评价】

班　级		学　号		姓　名				
实验地点		实验日期		成绩评定	A	B	C	D
实验目的								
实验过程记录								
实验结果描述								
总结体会 及注意事项								

⚝ 实验项目 2 Packet Tracer 模拟软件的使用 ⚝

【预备知识】

Packet Tracer 是由 Cisco 公司提供的一个辅助学习工具，为学习网络课程的初学者设计、配置、排除网络故障提供了网络模拟环境。可以在软件的图形用户界面上直接使用拖拽方法建立网络拓扑，并提供数据包在网络中传输的模拟处理过程，观察网络实时运行情况。

Packet Tracer 是一个功能强大的网络仿真程序，使用仿真设备，补充了昂贵的物理设备在课堂上不能灵活应用的问题。可以根据需要创建网络，通过实践操作，发现和排除故障，积累网络经验。

【实验目的】

能够熟练应用 Packet Tracer 网络模拟软件。

【背景描述】

小希同学对计算机网络非常感兴趣，通过向教师请教，决定使用 Packet Tracer 模拟软件帮助自己进行网络课程的学习。

【实验设备】

1）Cisco Packet Tracer 模拟软件。

2）计算机 1 台。

【实验内容及步骤】

2.1 模拟软件下载与安装

1）在 Cisco 网络学院官方网站（如 https://www.netacad.com/zh-hans/courses/packet-tracer）下载模拟软件。

2）按照提示安装 Cisco Packet Tracer 软件。

3）打开"Cisco Packet Tracer"窗口，如图 2-1 所示。

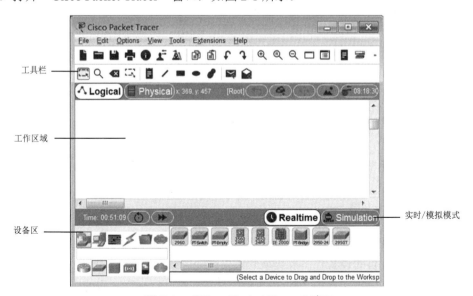

图 2-1 "Cisco Packet Tracer"窗口

2.2 模拟软件的基本应用

1）窗口简介

（1）工作区域。工作区域中间的空白区域就是拓扑图的构建和网络实验的工作区域。

（2）设备。主界面左下角为设备类型选择库，包含的设备类型有 Router（路由器）、Switch（交换机）、Hub（集线器）、Wireless Devices（无线设备）、Connections（传输介质）、End Devices（终端设备）、WAN Emulation（广域网）、Custom Made Devices（自定义设备）等。

（3）工具栏。主界面上侧为工具栏，从左向右依次为 Select（选择）、Inspect（查看信息和发 PDU 包）、Delete（删除）、Resize shape（调整形状大小）、Place Note（给设备贴标签）、Draw Line（绘制线）、Draw Rectangle（绘制矩形）、Draw Ellipse（绘制椭圆）、Draw Freeform（自由绘制）、Add Simple PDU（添加简单 PDU）、Add Complex PDU（添加复杂 PDU）。

（4）运行模式切换区。为方便用户学习，软件提供了两种网络运行模式，即 Realtime（实时）模式和 Simulation（模拟）模式，这两种模式可以随时切换。

实时模式情况下为 Realtime 模式。这种模式与配置实际网络设备一样，每发出一条配置命令，就立即在设备中执行。例如，PC 主机 ping 服务器 Web Server 时，瞬间可以完成的就是实时模式。而切换到模拟模式后，主机 PC 将不会立即显示 ICMP 信息，而是软件正在模拟这个瞬间的过程，以人们易于理解的方式展现出来，如图 2-2 所示。

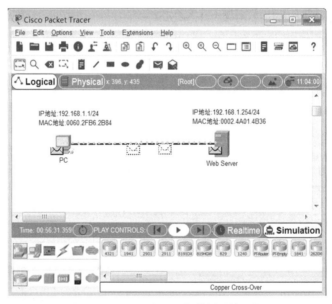

图 2-2 Server 和 PC 的模拟通信过程

单击"▶"按钮，可以直观、生动地看到动画显示出的网络数据包的来龙去脉。单击"模拟"模式会打开"Event List"对话框，该对话框显示当前捕获到的数据包的详细信息，包括持续时间、源设备、目的设备、协议类型和协议详细信息，如图 2-3 所示。

要了解协议的详细信息，单击"Event List"对话框中"Type"对应的协议类型信息，就可以详细地显示 OSI 模型信息和各层 PDU，如图 2-4 所示。

2）选择和添加网络设备

通过鼠标拖拽的方式从设备库中添加交换机、路由器、PC 主机、服务器等设备和网络传输介质来构建实验的网络拓扑。

3）添加设备互连传输介质

在设备类型库中单击传输介质""图标，可在右侧显示的设备互连列表中选择合适的传输介质，如图 2-5 所示。

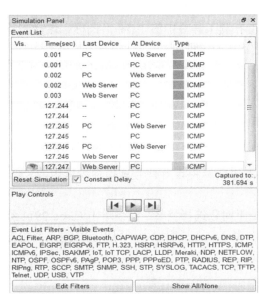

图 2-3　模拟模式

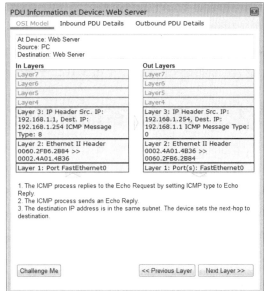

图 2-4　PDU 的详细信息

图 2-5　设备互连传输介质

自左向右各传输介质图标的含义及用途如下：

（1）Automatically Choose Connection Type：自动选择连接类型。

（2）Console：交换机/路由器的配置线缆。

（3）Copper Straight-through：双绞线直通线。

（4）Copper Cross-over：双绞线交叉线。

（5）Fiber：光纤。

（6）Phone：电话线。

（7）Coaxial：同轴电缆。

（8）Serial DCE：数据电路设备。

（9）Serial DTE：数据终端设备。

在模拟器中，设备之间的连接选用的传输介质类型，如表 2-1 所示为常见设备双绞线的选用。

交换机或路由器的端口被禁用（shutdown）时，端口状态为红色，重新启动后（no shutdown），变为橘黄色，过一会儿后变为绿色，此时端口才恢复正常工作状态。

表 2-1　常见设备双绞线的选用

一端	对端	线缆类型
路由器的以太网端口	路由器的以太网端口	交叉线
路由器的以太网端口	交换机的以太网端口	直通线
路由器的以太网端口	PC 机	直通线
交换机的以太网端口	PC 机	直通线

4）删除设备或传输介质

要删除网络设备或互联的传输介质，可先单击右侧工具栏中的"　"图标，选择删除功能，此时鼠标指针会变成"叉"的形状，单击要删除的对象即可。

对象删除结束后，注意单击工具栏中的"　"图标，将恢复为选择对象状态。

2.3　网络设备配置方法

1）硬件配置与浏览

在设备类型选择库单击"Routers"图标，然后用鼠标将设备型号选择列表框中的"Cisco 2911"路由器将其拖到工作区。

单击右侧工具栏中的"　"按钮，让模拟器处于对象选择状态，然后单击 Cisco 2911 路由器图标，此时就会打开如图 2-6 所示的"Router0"窗口。在该窗口中，可以完成对该路由器配置与管理。

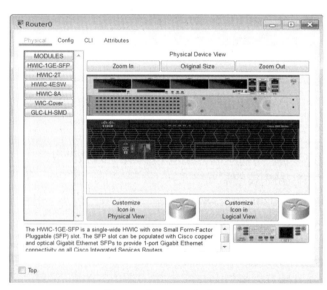

图 2-6　"Router0"窗口

（1）"Physical"选项卡：用于设备硬件浏览和配置。

（2）窗口的右上部区域显示了该设备的外观图，单击"Zoom In"按钮，可放大设备的外观；单击"Original Size"按钮显示原始大小；单击"Zoom Out"按钮缩小显示设备外观图。

（3）设备上显示有电源开关，通过单击它，可以打开或关闭设备的电源。电源开关右侧有电源指示灯，呈绿色时，表示电源开。设备必须打开电源后，才能工作。

添加或删除选配的模块时，必须先关闭设备的电源。添加选配模块时，首先在左侧的列表框中选择要添加的模块（有的设备没有可选配的模块），其次将窗口底部右侧的模块示意图拖动到设备的空槽位上即可。删除可选模块时，在关闭电源的情况下，将要删除的模块拖出空槽位即可。

2）通过图形化方式配置设备

单击"Config"选项卡，可切换到网络设备的图形化配置窗口界面，如图 2-7 所示。在图形化窗口的下方窗口给出了每步操作相应的等价命令。

3）命令行方式配置设备

命令行方式是配置交换机和路由器的主要方式，需要掌握相关的配置命令和用法。

单击"CLI"选项卡，可切换到路由器的命令行配置界面。在该配置界面中，通过输入交换机或路由器的命令来进行配置。路由器开机启动过程的画面也可在该界面中显示输出，如图 2-8 所示。执行"enable"命令，可进入特权模式，在该模式下选择"show"命令，查看相关配置。

其他命令的用法基本类似。图形化配置方式能进行一些简单的配置，较复杂的配置仍要通过命令行方式来实现，如对路由器的 NAT 配置、子接口划分、配置 trunk 封装协议、访问控制列表等。

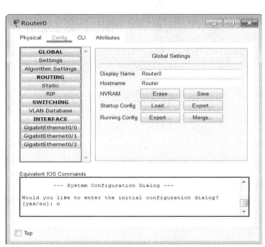

图 2-7　网络设备的图形化配置窗口　　　　图 2-8　路由器的命令行配置界面

2.4　终端设备配置方法

网络设备配置正确后，就应对网络中的用户主机和服务器进行配置，并测试网络访问是否正确。

在设备类型选择库中单击"End Devices"（终端设备）图标，然后在"设备型号选择列表库"中选择用户终端，如"PC-PT"，拖动到工作区。

1）配置用户主机

单击工作区的用户终端"PC-PT"，打开用户主机配置界面，选择"Physical"选项卡，即可完成硬件接口的添加和删除，如图 2-9 所示。

单击"Config"选项卡，自动切换到对主机显示名、网关地址、DNS 服务器的配置界面。

2）用户主机图形化桌面

单击"Desktop"选项卡，可切换到用户主机的图形化界面，如图 2-10 所示。

在该图形化界面中，常用图标的含义为：

- IP Configuration：将以模拟窗口的方式显示或配置当前主机的 IP 配置信息；
- Dial-up：实现拨号连接；
- Terminal：可打开虚拟超级终端；

图 2-9　用户主机配置界面　　　　　图 2-10　用户主机的图形化界面

- Command Prompt：可提供 MS-DOS 命令行环境，在该环境中可执行 arp、ping、ipconfig、telnet 和 tracert 等网络调试和诊断命令；
- Web Browser：将以图形化方式模拟一个浏览器，访问虚拟实验环境中的 Web 服务器，以检查网络配置和 Web 服务器能否正常访问；
- PC Wireless：配置和管理无线网络。用户主机需要配置无线网络接入设备。

3）配置服务器

在虚拟实验环境中，还提供了对 HTTP、DHCP、TFTP 和 DNS 等服务器的模拟。在设备类型选择库单击"End Devices"（终端设备）图标，然后在"设备型号选择列表库"中选择用户终端，如"Server-PT"，拖动到工作区。单击工作区的用户终端"Server-PT"，打开服务器配置界面。

（1）单击"Services"选项卡，打开服务器全局配置界面，如图 2-11 所示。可以配置具体的服务器，如 DHCP 服务器、DNS 服务器等。

单击"SERVICES"按钮可展开或折叠主机所支持的服务。例如，单击"DHCP" 按钮可进入对 DHCP 服务器的配置界面，如图 2-12 所示。

（2）在"Physical"选项卡中，可以实现服务器硬件设备浏览和配置。例如，增加无线网卡等。

（3）在"Config"选项卡中，可以实现对服务器名称、网关和 DNS 的配置。

（4）在"Desktop"选项卡中，可切换到服务器的图形化桌面，类似于图 2-10 所示。

（5）在"Programming"选项卡中，可以创建程序文件。

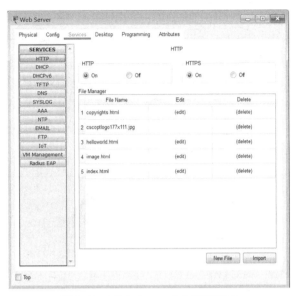

图 2-11　Web Server 全局配置界面

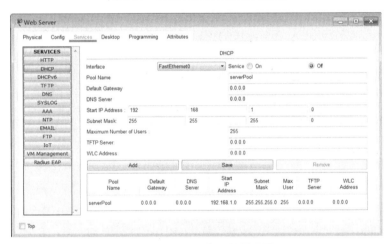

图 2-12　DHCP 服务器的配置界面

【注意事项】

1）注意网络互连设备之间连接线缆的选型及连接端口选择。

2）注意设备型号选用和端口的使用。

【项目拓展】

1）在模拟软件中模拟实验环境的一般步骤如下：

（1）在模拟软件虚拟实验环境中，按照方案设计中的设备类型选择主要网络设备，如交换机和路由器，然后添加终端设备，如主机和服务器；

（2）选择合适的传输介质，按照网络拓扑图把网络设备和终端连接起来；

（3）配置终端设备；

（4）配置网络设备；

（5）在终端设备上通过 ping、tracert 等调试诊断命令来监测网络是否畅通。

2）华为和华三也有自己的网络模拟软件，有兴趣的同学可以下载使用，并了解。

【实践评价】

班　级		学　号		姓　名				
实验地点		实验日期		成绩评定	A	B	C	D
实验目的								
实验过程记录								
实验结果描述								
总结体会及注意事项								

✂ 实验项目 3　观察协议数据单元 ✂

【预备知识】

在 OSI 模型各层中，每层都有自己的传输数据单元，即协议数据单元（PDU，Protocol Data Unit）。各层数据单元如下：

物理层 PDU：比特流（bit）；

数据链路层 PDU：帧（frame）；

网络层 PDU：分组或包（packet）；

传输层 PDU：报文段（segment）。

其他高层的 PDU 是数据，分别为会话层 SPDU（Session Protocol Data Unit）、表示层 PPDU（Presentation Protocol Data Unit）、应用层 APDU（Application Protocol Data Unit）。

为了能够将数据正确地从一台主机传送到另一台主机，就需要含有控制信息，当传送到下层时，控制信息被加入数据中，完成封装过程。封装是指网络节点将要传送的数据用每一层对应的特定协议打包后传送，多数是在原有数据之前加上协议首部来实现的，也有些协议还需要在数据之后加上协议尾部。如图 3-1 所示，主机 A 发送数据到应用层，应用层协议需要在数据前面加上协议首部 H7，封装成新的应用协议数据单元，然后再传输到表示层，表示层协议继续将协议首部 H6 加在应用协议数据单元中，封装成表示协议数据单元，继续向下发送，以此类推。

拆封正好相反，就是将原来增加的协议首部去掉，将原始的数据发送给目标应用程序。如图 3-1 所示，数据到达接收端主机 B 的数据链路层，就要去掉帧头 H2 和帧尾 T2，继续传送给网络层。发送端每一层都要对上一层传输来的数据进行封装，并传输给下一层，而接收端每一层都要对本层封装的数据进行拆封，并传输给上一层。

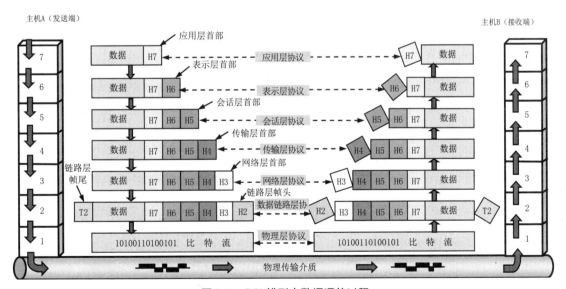

图 3-1　OSI 模型中数据通信过程

在 OSI 模型中，数据发送和接收流程如下：数据从发送端的应用层开始逐层封装、流向低层，直至到达物理层后成为"0"和"1"组成的比特流，然后再转换为电信号或光信号等形式，在通信介质上传输至接收端，接收端则由物理层开始逐层拆封、流向高层，直至到达应用层，还原为发送端所发送的数据信息。例如，当主机 A 要发送数据给主机 B 时，其实际传输路线是，从主机 A 的应用层开始逐层进行封装，自上而下传输到物理层，再通过传输介质以电信号或光信号的形式传输到主机 B 端的物理层，然后逐层拆封，再自下而上，最后到达接收端主机 B。

对于计算机网络的学习者而言，一般综合 OSI 模型和 TCP/IP 模型的优点，可采用一种包含五层协议的体系结构阐述网络层次的概念，这个五层结构就是将 TCP/IP 模型的网络接口层看作是 OSI 模型的物理层和数据链路层，其他层次不变。

【实验目的】

1）理解 OSI 数据封装和拆封过程。

2）理解 OSI 各层的协议数据单元结构。

3）能够熟练应用 Packet Tracer 网络模拟软件。

【背景描述】

OSI 模型和各层协议结构比较抽象，较难理解。为了让小希同学进一步理解学习的内容，使用 Packet Tracer 模拟两台计算机通信，并观察各层协议数据单元结构和通信过程。

【实验设备】

1）Packet Tracer 模拟软件。

2）模拟计算机和模拟服务器各 1 台。

3）网络拓扑结构如图 3-2 所示。

图 3-2　网络拓扑图

【实验内容及步骤】

3.1　设备互连及基本参数配置

1）打开 Packet Tracer 模拟软件，画出如图 3-2 所示的网络拓扑图，其中包含一台 Web 服务器和 1 台 PC。Web 服务器配置 IP 地址为 192.168.1.254/24，PC 配置 IP 地址为 192.168.1.1/24。通过 PC 访问 Web 服务器来查看各层协议数据单元及数据通信过程。

2）在模拟器中，切换到"模拟模式"窗口，如图 3-3 所示。

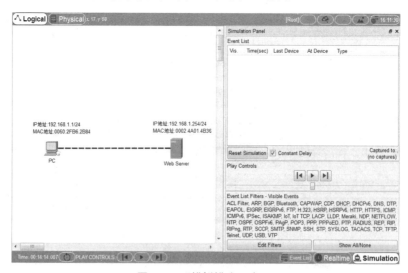

图 3-3　"模拟模式"窗口

3）添加一个简单数据包，打开 PC 的 Web Browser 模拟浏览器，输入服务器 IP 地址

"192.168.1.254"，就可以逐步查看网络事件。

4）单击"Event List"中数据包信息或者单击逻辑拓扑中的数据包信封时，将打开"PDU Information at Device: Web Server"窗口，从中就可以看到各层协议数据单元的具体结构。图 3-4 所示是 OSI 模型中的数据在 Web 服务器的拆封与封装结构。

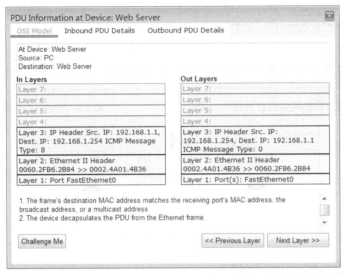

图 3-4　OSI 模型中的数据在 Web 服务器的拆封与封装结构

3.2　数据拆封过程

1）物理层：服务器在物理层收到客户端发送的比特流。

2）数据链路层：服务器检查收到数据帧中的目的 MAC 地址和服务器 MAC 地址，两者一致，拆封该数据帧，如图 3-5 所示，源 MAC 地址是客户端的 MAC 地址 0060.2FB6.2B84，目的 MAC 地址是服务器 MAC 地址 0002.4A01.4B36。

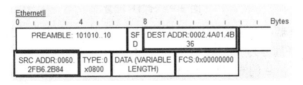

图 3-5　拆封后数据链路层的以太网帧结构

3）网络层：数据到达网络层，拆封成 IP 数据报，如图 3-6 所示，源 IP 地址是服务器的 IP 地址 192.168.1.1，目标 IP 地址是客户端 IP 地址 192.168.1.254。

4）传输层：当数据到达传输层，拆封成 TCP 报文段，如图 3-7 所示，发送序列号为 1，ACK 确认序号为 1，窗口大小为 65535，源端口号为 1029，目的端口号为 80。

5）应用层：当数据到达服务器应用层后，服务器收到客户端 HTTP 请求报文后，发送应答给客户端，如图 3-8 所示。

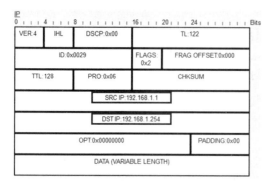

图 3-6 拆封后的网络层数据包

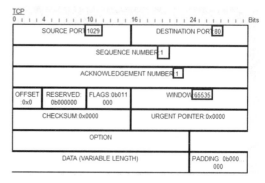

图 3-7 拆封后 TCP 报文段

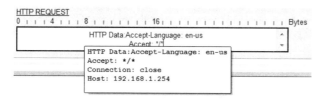

图 3-8 HTTP 请求

3.3 数据封装过程

1）应用层：服务器应用层收到客户端 HTTP 请求报文后，发送应答给客户端，如图 3-9 所示。

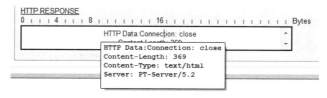

图 3-9 HTTP 回复

2）传输层：在服务器，当应答报文到达传输层，在传输层使用 TCP 协议封装成报文段，如图 3-10 所示，发送序列号为 1，ACK 确认序号为 103，窗口大小为 16384，源端口号为 80（说明使用 HTTP 协议），目的端口号为 1029。请读者与图 3-7 对比观察分析。

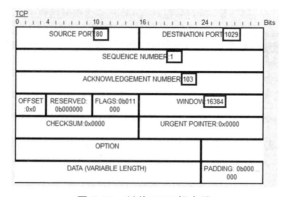

图 3-10 封装 TCP 报文段

3）网络层：数据到达网络层，封装成 IP 数据报，如图 3-11 所示，源 IP 地址是服务器的 IP 地址 192.168.1.254，目标 IP 地址是客户端 IP 地址 192.168.1.1。请读者与图 3-6 对比观察分析。

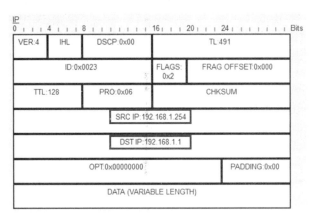

图 3-11　封装 IP 数据报

4）数据链路层：数据到达数据链路层，封装成以太网帧，如图 3-12 所示。源 MAC 地址是服务器的 MAC 地址 0002.4A01.4B36，目的 MAC 地址是客户端 MAC 地址 0060.2FB6.2B84。请读者与图 3-5 对比观察分析。

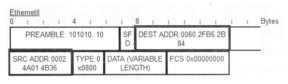

图 3-12　封装成以太网帧

5）物理层：数据最后到达物理层，在物理传输介质上透明地传输比特流到客户端。

【注意事项】

1）客户端发送数据在各层的封装过程与服务器接收到数据在各层拆封过程的数据内容是一致的，即报文段、IP 数据报和帧中所包含的数据是一致的。为了体现数据封装过程和拆封过程数据内容的不同，本实验以服务器接收到的 HTTP 请求报文描述其拆封过程，以服务器响应报文描述其封装过程。

2）注意观察协议数据单元中信息的变化。在计算机实际通信过程中，人们是看不到这样的通信过程的。

【项目拓展】

请在客户端使用"ping 192.168.1.254"观察数据通信过程，简单分析其各层协议数据单元信息。

【**实践评价**】

班　级		学　号		姓　名				
实验地点		实验日期		成绩评定	A	B	C	D
实验目的								
实验过程记录								
实验结果描述								
总结体会及注意事项								

⚬ε 实验项目 4　熟悉常用的网络命令 εɔ

【预备知识】

使用网络命令可以分析和解决一般的网络故障，常用的网络命令如下。

1）ping 命令

ping 命令就是一个测试程序，用来测试主机之间的连通性。ping 使用了 ICMP 回送请求与回送应答报文。ping 是应用层直接使用网络层 ICMP 的一个例子，没有通过传输层协议。

2）ipconfig 命令

ipconfig 命令的主要功能是显示或改变用户所在主机内部的 IP 协议的配置信息，如 IP 地址、默认网关、子网掩码等。一般用来检验人工配置的 TCP/IP 设置是否正确。如果计算机和所在的局域网使用了动态主机分配协议（DHCP，Dynamic Host Configuration Protocol），这个程序所显示的信息会更加实用。

3）tracert 命令

tracert 命令功能与 ping 命令类似，但它获得的信息要比 ping 命令详细得多。使用 tracert 命令不仅能够显示从源主机到目标主机的网络连通性，还能够显示数据包从源主机到目标主机所经过的路径，以及该路径上各节点 IP 和到达各节点所需的时间。如果数据包不能传输到目标主机，tracert 命令将显示成功转发数据包的最后一个路由器的信息。所以，tracert 命令被称为"路由跟踪命令"，适合大型网络的测试连通。

4）arp 命令

ARP 协议是位于 TCP/IP 协议栈中的网络层协议，负责将 IP 地址解析成对应的 MAC 地址。局域网通过 MAC 地址确定传输路径，而 TCP/IP 网络通过 IP 地址来确定主机位置。网络实际通信时，IP 地址不能被物理网络所识别。不管网络层使用的是什么协议，在实际网络的链路上传送数据帧时，最终还是必须使用硬件地址，因为在底层（数据链路层与物理层）的硬件不能识别 IP 地址，只能识别 48 位的 MAC 地址。因此，需要在 IP 地址和主机的 MAC 地址之间建立映射关系，这种映射称为地址解析。每一个主机都设有一个 ARP 高速缓存，存有该主机所在的局域网中各主机和路由器的 IP 地址到 MAC 地址的映射表。

5）netstat 命令

netstat 是一个监控 TCP/IP 网络的非常有用的工具，是在内核中访问网络连接状态及相关信息的程序，它能提供 TCP 连接、TCP 和 UDP 监听、进程内存管理的相关报告，用于显示与 IP、TCP、UDP 和 ICMP 协议相关的统计数据和检验本机各端口的网络连接情况。

6）nslookup 命令

nslookup 是查询 Internet 网络域名信息的命令。nslookup 发送域名查询包给指定的 DNS 服务器或默认 DNS 服务器。根据使用系统的不同，Windows 系统和 Liunx 系统返回的值就可能有所不同。默认值可能使用的是服务提供商的本地 DNS 域名服务器、一些中间域名服务，或者整个域名系统层次的根服务器系统。

【实验目的】

1）掌握使用 ping 命令检查网络连通性的方法。

2）掌握使用 ipconfig 命令查看主机 IP 协议的配置信息。

3）掌握 tracert 命令的基本功能。

4）掌握 arp 命令的使用。

5）掌握 netstat 命令的使用。

6）掌握 nslookup 命令的使用。

【背景描述】

小希同学初学计算机网络，对简单的网络故障束手无策。在教师的帮助下，通过学习常用的网络命令来测试、分析和处理简单的网络故障。

【实验设备】

安装 Windows 操作系统的计算机 1 台。

【实验内容及步骤】

4.1 ping 命令

1）ping 命令的功能及基本格式

ping 是一个测试程序，一般用于测试网络的连通性，当网络不通时，可以使用该命令来检查和判断网络出现故障的原因。在 Windows 系统上执行 ping 命令，系统按照默认设置向目标主机发送 4 个 ICMP 数据包，如果该数据包向目标主机提出请求报文，则目标主机就要返回一个响应报文，根据数据包的往返信息，就可以推断网络参数是否设置正确及网络运行情况。

在命令提示符窗口中，输入"ping /?"可以查看 ping 命令的基本格式和参数说明，如图 4-1 所示。

图 4-1 ping 命令的基本格式和参数说明

2）ping 127.0.0.1

127.0.0.1 是回送地址，指的是本机。使用该地址时，不进行任何网络传输，仅验证本机 TCP/IP 协议是否正确安装。如果运行出错，表示网卡或 TCP/IP 的安装或运行存在某些问题。运行结果如图 4-2 所示，表示的是本机 TCP/IP 协议安装正确，运行正常。途经时间以 ms 为单位，显示的统计时间越短，表示数据报通过的路由器越少，或者速度越快。ping 还能显示存活时间（TTL，Time To Live）值，通过 TTL 的值可以大致推算数据报已经通过的路由器数量。例如，TTL 的值为 246，则

TTL 的初始值为 255（TTL 的最大值），源端到目的端经过 9 个路由网络。如果 TTL 的值为 119，则 TTL 的初始值为 128 源端到目的端经过 9 个路由网络。

localhost 是系统的网络保留名，是 127.0.0.1 的别名。"ping localhost"的运行结果如图 4-3 所示。如果"ping localhost"执行不成功，说明主机文件（/Windows/host）中存在问题。

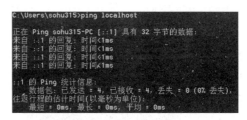

图 4-2 ping 127.0.0.1 的运行结果　　　　图 4-3 ping localhost 的运行结果

3）ping 本机 IP 地址

检测本机 IP 地址是否配置完成及网卡属性是否完好。这个命令被送到你的计算机所配置的 IP 地址，本地计算机始终都应该对该 ping 命令做出应答，如图 4-4 所示。如果没有应答，则表示本地网络配置或安装存在问题。出现此问题时，局域网用户请断开网络电缆，然后重新发送该命令。如果网线断开后本命令正确，则表示其他计算机与本机 IP 地址重复。

4）ping 局域网内其他 IP 地址

这个命令可以离开你的计算机，经过网卡及网络电缆到达其他计算机，再返回。收到回送应答表明本地网络中的网卡和载体运行正确。但如果收到回送应答，那么表示子网掩码配置不正确，或网卡配置错误，或网络电缆有问题。如图 4-5 所示，本地计算机 ping 同一个局域网内的另一个 IPv4 地址。

图 4-4 ping 本机 IP 地址的运行结果　　　　图 4-5 ping 局域网内其他 IPv4 地址的运行结果

如图 4-6 所示，本地计算机 ping 同一个局域网内的另一个 IPv6 地址。

5）ping 网关 IP 地址，检验网关配置

这个命令如果应答正确，表示局域网中的网关路由器正在运行并能够做出应答。

6）测试 DNS 服务器是否能够 ping 通

如果上网浏览网页时，总是收到"找不到该页"或者"该页无法显示"等提示信息，一般应检查 DNS 是否有问题，一是测试 DNS 服务器是否能够连通；二是测试 DNS 设置是否有错误。在命令提示符中输入 ping 及 DNS 服务器 IP 地址，如"ping 202.106.196.115"（这是笔者所在地的一台 DNS 服务器地址）。如果返回测试时间和 TTL 等信息，则表明正常；如果出现"无法访问目标主机"，则表明无法连接 DNS 服务器，有可能 DNS 服务器故障，或 DNS 服务器 IP 地址配置错误。

7）ping 域名

检测是否能够通过配置的 DNS 服务器成功连入 Internet。ping 命令执行正常时，通常会返回该域名所对应的 IP 地址，表明本机 DNS 配置正确，而且 DNS 服务器工作正常。如图 4-7 所示，执行"ping www.baidu.com"命令，网络正常连通时会出现百度网址所对应的 IP 地址 220.181.38.149。因此，还可以使用该命令查询域名对应的 IP 地址。

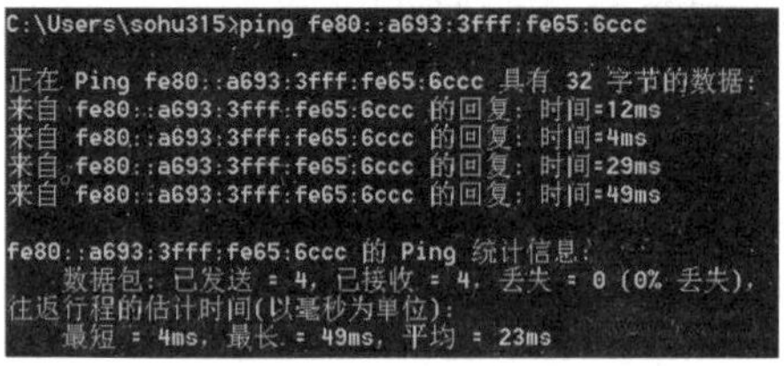

图 4-6　ping 局域网内其他 IPv6 地址的运行结果 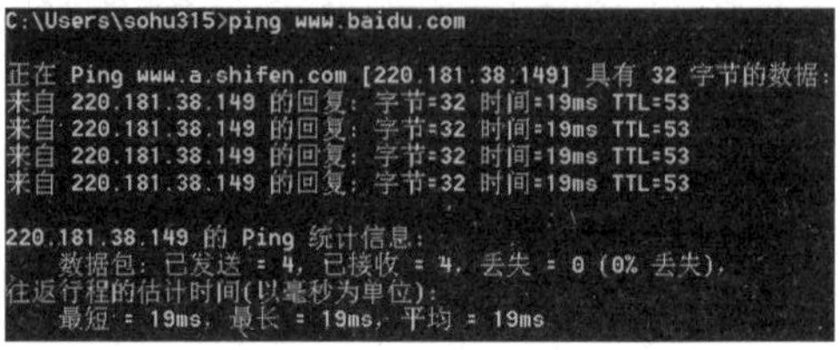　　图 4-7　"ping www.baidu.com"的运行结果

如果按照上述各步骤执行 ping 命令都能连通，那么本机进行本地和远程通信的功能就基本没有问题了。

8）ping 目标地址 -t

该命令表示连续向目标 IP 地址或目标域名发送请求报文，直到手动按下【Ctrl+C】组合键才会终止。

9）ping 目标地址 -l length

该命令也可以写成"ping 目标地址-l length"表示向目标 IP 地址发送长度为 length 的数据包，默认值为 32 字节。

例如，"ping 192.168.3.7 -l 64"，表示向 IP 地址 192.168.3.7 的目标主机发送长度为 64 字节的数据包，如图 4-8 所示。从图中可以看出，有一次"请求超时"，而且平均时间为 208ms，说明这两个主机之间的通信质量不高。

10）ping 目标地址 -n count

该命令表示向目标 IP 地址发送数据包的次数为 count，默认值为 4 次。

例如，"ping -n 2 -l 1000 192.168.3.7"，表示向 IP 地址 192.168.3.7 的目标主机发送长度为 1000 字节的数据包 2 次，如图 4-9 所示。从图中可以看出，有一次"请求超时"，而且平均时间为 208ms，说明这两个主机之间的通信质量不高。

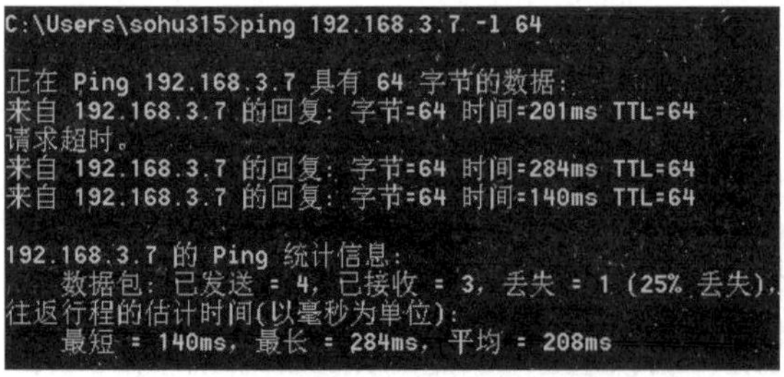

图 4-8　"ping 192.168.3.7 -l 64"的运行结果 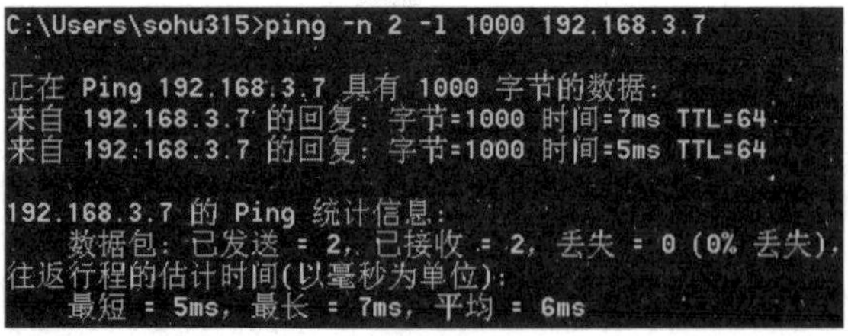　　图 4-9　"ping -n 2 -l 1000 192.168.3.7"的运行结果

11）常见的错误信息一般有传输失败、请求超时（Timed out）、找不到主机名和无法访问目标主机等。

（1）出现如图 4-10 所示的情况，表示与目标主机传输失败。

（2）出现如图 4-11 所示的情况，表示请求超时（Timed out）。表示在规定的时间内没有收到返回的应答消息。故障原因可能是远程计算机或路由器关闭，或者某些网络设备为了安全，禁用了 ping 功能等。

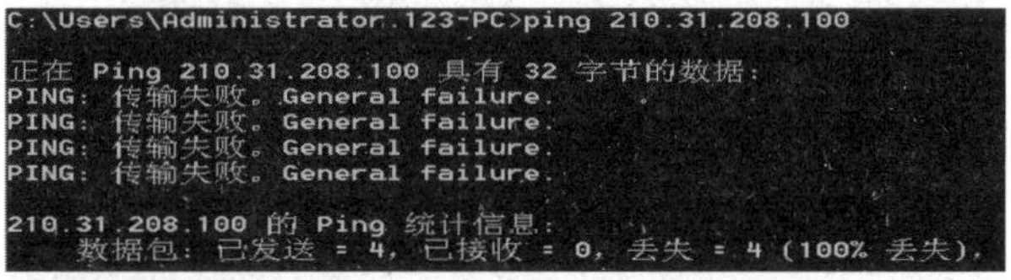

图 4-10　传输失败

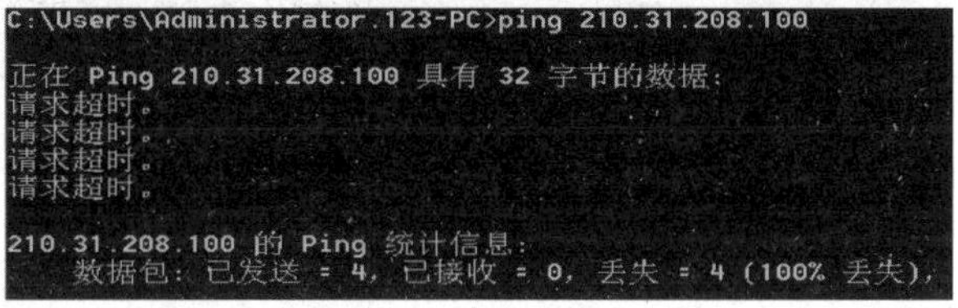

图 4-11　请求超时

（3）出现如图 4-12 所示的信息，返回信息为"找不到主机名"，说明是 DNS 无法解析该主机名。故障原因可能是主机名不存在，或者 DNS 服务器故障，或者本机 DNS 服务器 IP 地址配置错误等。

图 4-12　找不到主机名

（4）出现如图 4-13 所示的信息，说明两台主机之间无法建立连接，可能没有正确分配 IP 地址，或者没有正确的配置网关等参数，由于找不到去往目标主机的"路径"，所以显示"无法访问目标主机"。

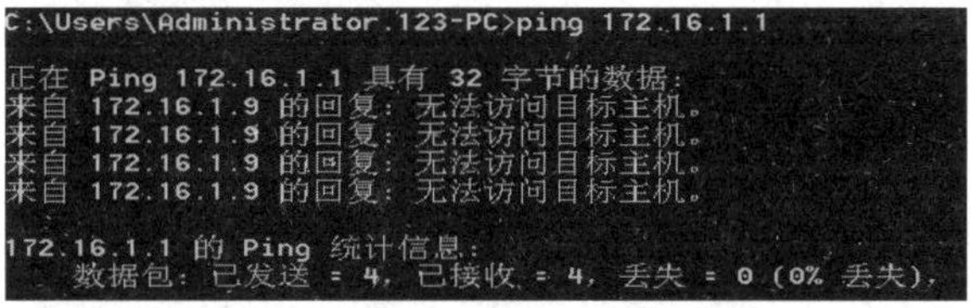

图 4-13　无法访问目标主机

4.2　ipconfig 命令

1）ipconfig 命令基本格式和参数

ipconfig 命令诊断后显示所有当前的 TCP/IP 网络配置信息，包括 IP 地址、MAC 地址、子网掩码、网关、DNS 服务、IP 地址等。

ipconfig 命令在运行 DHCP 系统上的特殊用途，允许用户决定 DHCP 配置的 TCP/IP 配置参数。如果计算机启用 DHCP 并使用 DHCP 服务器获得配置新，可使用"ipconfig /renew"命令更新 IP 地址租约。也可以使用"ipconfig /release"命令立即释放主机的当前 DHCP 获取的 IP 地址等。

在命令提示符窗口中，输入"ipconfig /?"可以查看 ipconfig 命令的基本格式和参数，如

图 4-14 所示。

```
C:\Users\sohu315>ipconfig /?

用法:
    ipconfig [/allcompartments] [/? | /all |
                               /renew [adapter] | /release [adapter] |
                               /renew6 [adapter] | /release6 [adapter] |
                               /flushdns | /displaydns | /registerdns |
                               /showclassid adapter |
                               /setclassid adapter [classid] |
                               /showclassid6 adapter |
                               /setclassid6 adapter [classid] ]

其中
    adapter             连接名称
                        (允许使用通配符 * 和 ?,参见示例)

    选项:
       /?               显示此帮助消息。
       /all             显示完整配置信息。
       /release         释放指定适配器的 IPv4 地址。
       /release6        释放指定适配器的 IPv6 地址。
       /renew           更新指定适配器的 IPv4 地址。
       /renew6          更新指定适配器的 IPv6 地址。
       /flushdns        清除 DNS 解析程序缓存。
       /registerdns     刷新所有 DHCP 租约并重新注册 DNS 名称
       /displaydns      显示 DNS 解析程序缓存的内容。
       /showclassid     显示适配器的所有允许的 DHCP 类 ID。
       /setclassid      修改 DHCP 类 ID。
       /showclassid6    显示适配器允许的所有 IPv6 DHCP 类 ID。
       /setclassid6     修改 IPv6 DHCP 类 ID。

默认情况下,仅显示绑定到 TCP/IP 的适配器的 IP 地址、子网掩码和
默认网关。

对于 Release 和 Renew,如果未指定适配器名称,则会释放或更新所有绑定
到 TCP/IP 的适配器的 IP 地址租约。

对于 Setclassid 和 Setclassid6,如果未指定 ClassId,则会删除 ClassId。
```

图 4-14　ipconfig 命令的基本格式及参数说明

2）在命令提示符窗口中输入"ipconfig /all"命令，可查看本机的 IP 地址、物理地址（MAC 地址）等信息，其结果如图 4-15 所示。

```
管理员: C:\Windows\system32\cmd.exe

C:\Users\Administrator.123-PC>ipconfig /all

Windows IP 配置

    主机名 . . . . . . . . . . . . . : 123-PC
    主 DNS 后缀 . . . . . . . . . . . :
    节点类型 . . . . . . . . . . . . : 混合
    IP 路由已启用 . . . . . . . . . . : 否
    WINS 代理已启用 . . . . . . . . . : 否

以太网适配器 本地连接:

    连接特定的 DNS 后缀 . . . . . . . :
    描述. . . . . . . . . . . . . . . : Realtek PCIe GBE Family Controller
    物理地址. . . . . . . . . . . . . : 94-DE-80-80-C1-4D
    DHCP 已启用 . . . . . . . . . . . : 是
    自动配置已启用. . . . . . . . . . : 是
    本地链接 IPv6 地址. . . . . . . . : fe80::59ef:2107:afcb:2c83%11(首选)
    IPv4 地址 . . . . . . . . . . . . : 192.168.1.121(首选)
    子网掩码 . . . . . . . . . . . . : 255.255.255.0
    获得租约的时间 . . . . . . . . . . : 2014年2月21日 17:53:40
    租约过期的时间 . . . . . . . . . . : 2014年2月23日 8:53:27
    默认网关. . . . . . . . . . . . . : 192.168.1.1
    DHCP 服务器 . . . . . . . . . . . : 192.168.1.1
    DHCPv6 IAID . . . . . . . . . . . : 244637312
    DHCPv6 客户端 DUID . . . . . . . . : 00-01-00-01-19-DE-AC-4D-94-DE-80-80-C1-4D

    DNS 服务器 . . . . . . . . . . . : 192.168.1.1
    TCPIP 上的 NetBIOS . . . . . . . : 已启用
```

图 4-15　查看本机的 IP 地址及物理地址等信息

3）按照图 4-14 所示的命令格式，进行操作练习，并记录结果。例如，ipconfig /batch bak-netcfg，就是将有关网络配置信息保存到文件 bak-netcfg 中。

4.3　tracert 命令

1）tracert 命令的基本格式和参数

tracert 命令又称路由跟踪命令，与 ping 命令类似。在命令提示符窗口中，输入"tracert /?"

可以查看 tracert 命令的基本格式和参数，如图 4-16 所示。

2）在命令提示符窗口中，执行“tracert www.sohu.com”的结果如图 4-17 所示，显示从本机到 www.sohu.com 服务器所经过的路由器及连接情况。

```
C:\Users\sohu315>tracert /?

用法: tracert [-d] [-h maximum_hops] [-j host-list] [-w timeout]
               [-R] [-S srcaddr] [-4] [-6] target_name

选项:
    -d                 不将地址解析成主机名。
    -h maximum_hops    搜索目标的最大跃点数。
    -j host-list       与主机列表一起的松散源路由(仅适用于 IPv4)。
    -w timeout         等待每个回复的超时时间(以毫秒为单位)。
    -R                 跟踪往返行程路径(仅适用于 IPv6)。
    -S srcaddr         要使用的源地址(仅适用于 IPv6)。
    -4                 强制使用 IPv4。
    -6                 强制使用 IPv6。
```

图 4-16　tracert 命令的基本格式和参数说明

```
C:\Users\螃蟹>tracert www.sohu.com

通过最多 30 个跃点跟踪
到 fbx.a.sohu.com [123.126.104.104] 的路由:

  1     2 ms     1 ms     1 ms  bogon [10.0.16.1]
  2     1 ms     1 ms     1 ms  bogon [172.16.15.5]
  3    <1 毫秒    1 ms     1 ms  210.31.208.1
  4     *        1 ms     1 ms  121.26.225.1
  5     3 ms     1 ms     2 ms  218.11.136.97
  6     3 ms     1 ms     2 ms  218.11.135.61
  7     4 ms     6 ms    12 ms  218.11.135.170
  8    40 ms    43 ms    38 ms  61.182.176.113
  9    21 ms    24 ms    22 ms  219.158.100.109
 10    20 ms    23 ms    19 ms  202.96.12.30
 11    19 ms     *       15 ms  123.126.8.18
 12    20 ms    19 ms    19 ms  bt-230-230.bta.net.cn [202.106.230.230]
 13    19 ms    26 ms    20 ms  61.49.43.90
 14    19 ms    21 ms    20 ms  123.126.104.104

跟踪完成。
```

图 4-17 用 tracert 命令获得到目标主机的路由信息

其中，带有“*”的信息表示该次 ICMP 包返回时间超时。

3）按照图 4-16 所示的命令格式，进行操作练习，并记录结果。

4.4　arp 命令

1）arp 命令的基本格式和参数

arp 命令主要用于显示或修改 IP 和 MAC 的映射表。在命令提示符窗口中，输入“arp /?”可以查看 arp 命令的基本格式和参数，如图 4-18 所示。

```
C:\Users\sohu315>arp /?

显示和修改地址解析协议(ARP)使用的“IP 到物理”地址转换表。

ARP -s inet_addr eth_addr [if_addr]
ARP -d inet_addr [if_addr]
ARP -a [inet_addr] [-N if_addr] [-v]

  -a            通过询问当前协议数据，显示当前 ARP 项。
                如果指定 inet_addr，则只显示指定计算机
                的 IP 地址和物理地址。如果不止一个网络
                接口使用 ARP，则显示每个 ARP 表的项。
  -g            与 -a 相同。
  -v            在详细模式下显示当前 ARP 项。所有无效项
                和环回接口上的项都将显示。
  inet_addr     指定 Internet 地址。
  -N if_addr    显示 if_addr 指定的网络接口的 ARP 项。
  -d            删除 inet_addr 指定的主机。inet_addr 可
                以是通配符 *，以删除所有主机。
  -s            添加主机并且将 Internet 地址 inet_addr
                与物理地址 eth_addr 相关联。物理地址是用
                连字符分隔的 6 个十六进制字节。该项是永久的。
  eth_addr      指定物理地址。
  if_addr       如果存在，此项指定地址转换表应修改的接口
                的 Internet 地址。如果不存在，则使用第一
                个适用的接口。
```

图 4-18　arp 命令的基本格式和参数

其中，“arp -a”或“arp -g”都是用于查看高速缓存中的映射项目。“-a”和“-g”参数结果是一样的，只是“-g”主要用在 UNIX 平台上。

2）显示高速缓存中的 arp 表

在命令提示符窗口中，输入“arp -a”可以查看高速缓存中的 arp 表，如图 4-19 所示。arp 缓存重新启动计算机后一般会丢失。静态 arp 缓存需要手动清除，使用的命令格式是“arp -d IP 地址”。

3）添加 arp 静态映射

在命令提示符窗口中，输入"arp -s 192.168.3.100 8c-34-fd-ff-88-aa"可以查看高速缓存中的 arp 表，如图 4-20 所示。

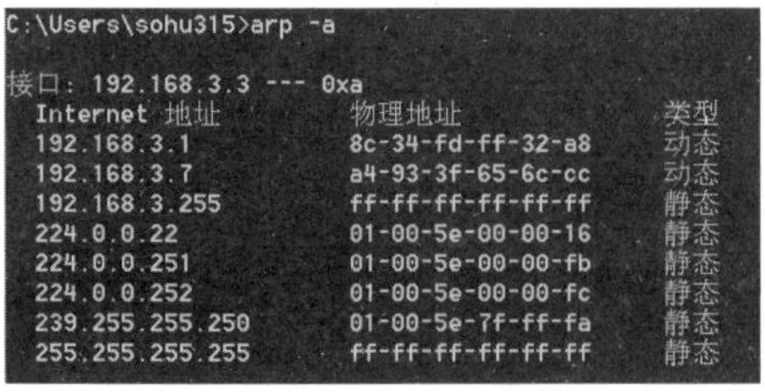

图 4-19　arp 映射表 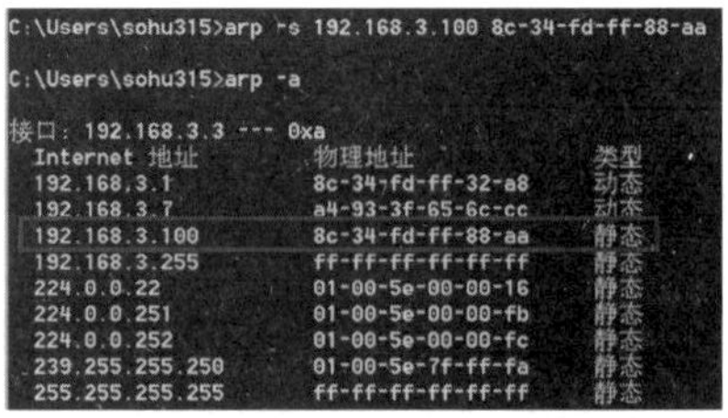　　　　　　　　　　图 4-20　添加 arp 静态映射

4）按照图 4-18 所示的命令格式，进行操作练习，并记录结果。

4.5　netstat 命令

1）netstat 命令的基本格式和参数

在命令提示符窗口中，输入"netstat /?"命令，可以查看 netstat 命令格式及含义，如图 4-21 所示。

图 4-21　netstat 命令格式及含义

2）查看本机端口使用情况。在提示符下输入"netstat -a"，输出结果如图 4-22 所示，表示本机打开浏览器时，使用动态分配的端口访问网络资源情况。

其中，LISTENING 为在监听状态中；ESTABLISHED 表示连接建立，正在通信；TIME_WAIT 表示等待足够的时间以确保远程 TCP 接收到连接中断请求的确认；CLOSED 表示没有任何连接状态；CLOSE_WAIT 表示等待本地用户发来的连接中断请求。

对其中一行解释如下：

```
TCP    192.168.3.3:49786    1.192.195.117:http    ESTABLISHED
```

协议是 TCP，本地 IP 地址为 192.168.3.3，端口号为 49786，外部地址指的是远程访问的主机 IP 地址，为 1.92.195.117，使用的是 http 协议，即 80 端口，建立 TCP 连接。说明浏览器使用了 49318、49786、50753 等多个动态分配的端口与远端服务器的 HTTP（80）或 HTTPS（443）进行通信。

如果检测到一些敏感的端口，甚至可以进行黑客攻击。

图 4-22　使用动态分配的端口访问网络资源情况

3）在命令提示符窗口中，输入"netstat -e"命令，显示关于以太网的统计数据，包括传送的数据报的总字节数、错误数、丢弃数、单播数据包和非单播数据包的数量。这些统计数据既有发送的，也有接收的，用来统计一些基本的网络流量，如图 4-23 所示。

```
C:\Users\sohu315>netstat -e
接口统计

                             接收的              发送的

字节                       564320436           57262060
单播数据包                   502076             334036
非单播数据包        334000                      8804
丢弃                             0                  0
错误                             0                132
未知协议                         0
```

图 4-23　netstat -e 显示以太网的统计数据

若接收的错误和发送的错误接近零或全为零，则说明网络的接口无问题。但当这两个字段有较多出错数据包时就可以认为是高出错率了。高的发送错误表示本地网络饱和或在主机与网络之间有不良的物理连接，高的接收错误表示整体网络饱和、本地主机过载或物理连接有问题，可以用 ping 命令统计误码率，进一步确定故障的程度。netstat -e 和 ping 结合使用可解决大部分网络故障。

4）按照图 4-21 所示的命令格式，进行操作练习，并记录结果。

4.6　nslookup 命令

1）nslookup 是查询 Internet 网络域名信息的命令。在命令提示符窗口输入"nslookup /？"，可查看其命令格式，如图 4-24 所示。

```
C:\Users\sohu315>nslookup /?
用法:
   nslookup [-opt ...]             # 使用默认服务器的交互模式
   nslookup [-opt ...] - server    # 使用 "server" 的交互模式
   nslookup [-opt ...] host        # 仅查找使用默认服务器的 "host"
   nslookup [-opt ...] host server # 仅查找使用 "server" 的 "host"
```

图 4-24　nslookup 命令格式

2）输入“nslookup www.baidu.com”，查询百度域名信息，如图 4-25 所示，正在工作的域名服务器为 linedns.bta.net.cn，对应的 IP 地址为 202.106.196.115。负责 www.baidu.com 这个域名解析的 DNS 服务器为 www.a.shifen.com，IPv4 地址是 61.135.169.125 和 61.135.169.121，IPv6 地址是 2408:80f0:410c:1c:0:ff:b00e:347f 和 2408:80f0:410c:1d:0:ff:b07a:39af。由于百度搜索引擎数据量非常大，因此通常会做很多台负载均衡，最后一行是域名的别名。

3）按照图 4-24 所示的命令格式，进行操作练习，并记录结果。

```
C:\Users\sohu315>nslookup www.baidu.com
服务器:  linedns.bta.net.cn
Address:  202.106.196.115

非权威应答:
名称:    www.a.shifen.com
Addresses:  2408:80f0:410c:1c:0:ff:b00e:347f
          2408:80f0:410c:1d:0:ff:b07a:39af
          61.135.169.125
          61.135.169.121
Aliases:  www.baidu.com
```

图 4-25　查询百度域名信息的示例

【注意事项】

1）灵活地运用多种网络命令来分析和解决网络问题。

2）注意适当的使用命令中的一些参数。例如，ping 命令中-l 值的有效范围是 0～65500。

【项目拓展】

1）总结 ping 和 tracert 命令的异同。

2）如果某台计算机显示遭受 ARP 欺骗攻击，请考虑如何解决这个问题。

【实践评价】

班　级		学　号		姓　名				
实验地点		实验日期		成绩评定	A	B	C	D
实验目的								
实验过程记录								
实验结果描述								
总结体会 及注意事项								

单元 2 组网技能操作

∞ 实验项目 5 双绞线的制作与测试 ∞

【预备知识】

双绞线是局域网中最基本的传输介质之一，双绞线的制作是计算机专业的学生最必要、最基本的技能之一。要使双绞线能够与网卡、Hub、交换机、路由器等网络设备连接，还需要制作 RJ-45 接头（俗称水晶头），即双绞线制作。RJ-45 水晶头由金属片和塑料等材料构成，特别需要注意的是引脚序号，当金属片面对我们的时候从左至右引脚序号是 1～8，这组序号用于定义网线的线序。按照双绞线两端线序的不同，一般划分为两类双绞线：一类是两端线序排列一致，通常采用 568B 标准的线序，称为直通线；另一类是改变导线的排列顺序，一端采用 568B 标准，另一端采用 568A 标准，称为交叉线。

1）直通线的线序标准

A 端（568B）：橙白、橙、绿白、蓝、蓝白、绿、棕白、棕。

B 端（568B）：橙白、橙、绿白、蓝、蓝白、绿、棕白、棕。

直通线的线序标准，如图 5-1 所示。

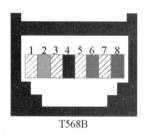  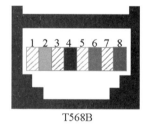

图 5-1 直通线的线序标准

2）交叉线的线序标准

A 端（568B）：橙白、橙、绿白、蓝、蓝白、绿、棕白、棕。

B 端（568A）：绿白、绿、橙白、蓝、蓝白、橙、棕白、棕。

交叉线的线序标准，如图 5-2 所示。

3）直通线和交叉线使用场合

直通线一般用于计算机与交换机、计算机与集线器、路由器与交换机之间的互连。

交叉线一般用于计算机与路由器、计算机与计算机、路由器与路由器、交换机与交换机、集线器与集线器之间的互连。

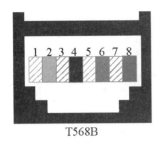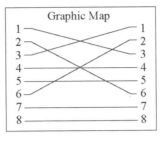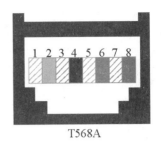

图 5-2　交叉线的线序标准

【实验目的】

1）掌握双绞线的结构，熟悉双绞线的制作规范和制作步骤。

2）掌握双绞线制作工具的使用。

3）掌握双绞线连通性的测试方法。

4）理解直通线和交叉线的应用场合。

【背景描述】

小希同学应聘到某公司工作，需要将新买的计算机连入办公室网络，实现资源共享和信息传递，请制作双绞线，并连接测试。

【实验设备】

1）每人准备 2m 左右的双绞线和 RJ-45 水晶头 3 个。

2）压线钳 1 把，测试仪 1 台。

3）PC 机 2 台，交换机 1 台。

4）网络拓扑结构如图 5-3 所示。

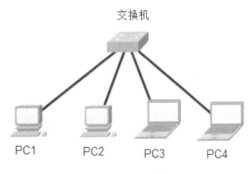

图 5-3　网络拓扑图

【实验内容及步骤】

5.1　直通线的制作步骤

1）备线。剪下一段一定长度的双绞线。

2）剥线。用压线钳的刀口在线缆的一端剥去约 2cm 护套，如图 5-4 所示。

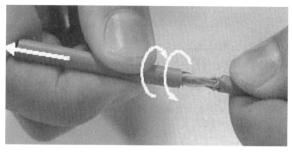

图 5-4　剥线

3）理线。分离 4 对导线，按照直通线的线序标准（568B）排列整齐，并将导线整理平直，如图 5-5 所示。

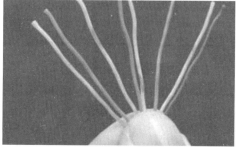
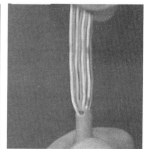

图 5-5　理线

4）剪线。维持导线的线序和平整性，用压线钳上的剪刀将导线剪齐，不绞合导线的长度为 1.5cm 左右，如图 5-6 所示。

5）插线。将有序的线头顺着 RJ-45 接口轻轻插入，一定要插到底，并确保保护套也被整体插入，如图 5-7 所示。

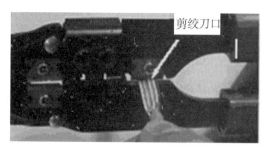

图 5-6　剪线

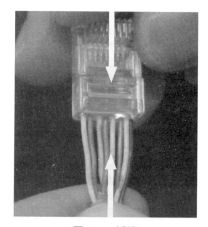

图 5-7　插线

6）压线。再将 RJ-45 水晶头塞到压线钳里，用力按下手柄，这样，一端接头就做好了，如图 5-8 所示。

7）用同样的方法制作网线的另一端。制作好的网线 RJ-45 插头端的效果，如图 5-9 所示。

图 5-8　压线

图 5-9　制作好的网线两端水晶头

5.2　直通线测试

　　使用测线仪来测试网线制作的连通性。测线仪可以测试双绞线的连通性和线序的正确性，如图 5-10 所示。如果是直通线，则测线仪上的指示灯依次为绿色闪过，表示网线制作成功；如果出现测线仪上任何一个指示灯不亮时，表示网线制作不成功；如果测线仪指示灯闪烁顺序不符合制作标准顺序时，则表示双绞线制作线序出现混乱；如果制作不成功，需要判断网线哪一端制作质量不佳，然后使用压线钳剪去该 RJ-45 接头（因水晶头使用是一次性的），重新按照上述步骤制作网线的一端。

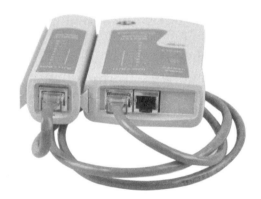

图 5-10　测线仪及连通性测试

　　使用直通线连接 PC 机和交换机，把直通线一头插入计算机网卡，另一头插入交换机的任意一个接口。如果连接正常，则网卡后面的指示灯会亮（通常为绿色）。这样相应的电脑就可以接入办公室局域网中。

5.3 交叉线制作与测试

交叉线的制作过程和直通线的制作过程相似，需要注意的是双绞线的一端按照 568A 标准线序，另一端使用 568B 标准线序。交叉线测试时，测线仪两端的指示灯按照 1-3、2-6、3-1、4-4、5-5、6-2、7-7、8-8 对应的关系点亮，表示制作成功，否则制作不成功。

【注意事项】

1）注意双绞线的正确标准线序，手拿着水晶头朝上，铜片一端正对着自己，从左向右编号依次是 1～8。

2）双绞线制作完成后，双绞线的最外层的绝缘套管要牢固。

3）水晶头是一次性使用，当把剪齐的导线插入后，一定要先检查线序是否正确，正确的线序才可以使用压线钳压制，而且一定要确保导线和水晶头中的铜片紧密接触。

【项目拓展】

1）通过实践操作，体会注意哪些环节，可以提高双绞线制作的成功率？

2）分析图 5-11 中哪些地方用直通线，哪些地方用交叉线？

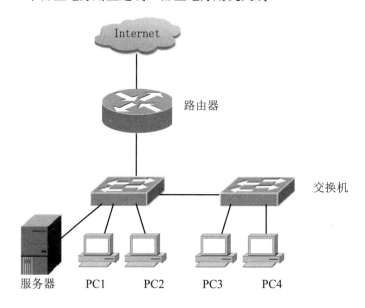

图 5-11　某公司网络拓扑图

【**实践评价**】

班　级		学　号		姓　名				
实验地点		实验日期		成绩评定	A	B	C	D
实验目的								
实验过程记录								
实验结果描述								
总结体会 及注意事项								

实验项目6　以太网组建与平滑升级改造

【预备知识】

1）共享式以太网

共享式以太网是使用集线器或共用一条总线的以太网，采用 CSMA/CD 的机制进行传输控制，共享式以太网的典型代表是 10Base2、10Base5 总线型网络和以集线器为核心的 10Base-T 的星型网络。集线器所有端口都要共享同一带宽，每个用户的实际可用带宽，随着网络用户数的增加而递减。这是因为当信息传输频繁时，资源使用冲突将会很频繁，多个用户可能同时"争用"一个信道，而一个信道在某一时刻只允许一个用户占用。所以，大量的用户经常处于"监听、等待"状态，严重影响了网络的性能。

集线器是一个共享网络设备，每个时刻只能有一个端口发送数据。集线器不处理和检查其上的通信量，仅通过将一个端口接收的信号重复分发给其他端口来扩展物理介质。所有连接到集线器的设备共享同一介质，其结果形成一个单一的冲突域和广播域。如果一个节点发送数据，集线器就会将这个数据广播给所有同它连接的节点。当以太网中有两个或多个站点同时进行数据传输时，将会产生冲突。当网络节点过多时，冲突将会频繁出现。所以，利用集线器连接的共享式以太网限制了以太网的可扩展性。共享式以太网工作的主要特点有以下 3 点：

（1）共享式以太网是基于广播方式发送数据，共享带宽，当节点数量过多时，冲突增加，可用带宽降低。

（2）共享式以太网是一种基于介质"争用"的网络技术，存在介质访问竞争问题。同一时刻只能有一个节点发送数据，节点之间产生竞争。

（3）在共享式以太网中，网络设备之间应保持相同的速率，支持多种速率需要集线器支持不同的速率，如 10/100Mbit/s 自适应集线器。

2）交换式以太网

交换式以太网是指以数据链路层的帧为数据交换单位，以以太网交换机为核心构成的网络。

交换式以太网基本上解决了共享式以太网所带来的问题，它运行多对节点同时通信，每个节点可以独占传输通道和带宽。交换机直连的交换式以太网，每个节点独占端口，网络吞吐量和性能大幅提升。交换机提升网络性能的主要原因是每个端口独占带宽、没有冲突和全双工操作。

（1）独占带宽。每个节点都能够独自使用一条链路，不会产生冲突，它从根本上解决了网络冲突降低带宽的问题。

（2）无冲突。交换机隔离了冲突域，每个端口自成一个冲突域，每个端口都彼此独立，不同端口的节点之间不会产生冲突，消除了节点之间的介质竞争机制。节点之间不会发生冲突，提高了网络的吞吐量。

（3）全双工通信。交换机使网络运行于全双工的以太网环境中，设备之间无冲突，发送速度提高。

3）对等网

以太网有很多种组网方式，对等网是最常见的，也是最基本的一种组网方式。对等网是指规模比较小，一般由几十台以内的计算机构成的局域网。对等网中各终端组成一个工作组，也称为工作组网。因此，在对等网组建时，需要对工作组进行配置，对等网各主机之间分享网络资源。对等网结构简单，网络成本低，网络建设和维护容易，易于实现，组网方式灵活，可以选用的传输介质较多，常见的传输介质是双绞线。对等网结构中的节点功能一样，地位平等，没有客户端和服务器之分，既可以为其他节点提供服务，也能访问其他节点，各节点间能进行简单的共享访问。

4）基于服务器网络

基于服务器网络也称为客户端/服务器网络，即 C/S 网络，是客户端向服务器发出请求并获得服务的一种网络形式。C/S 结构的网络性能很大程度上取决于服务器的性能和客户端的数量。

【实验目的】

1）掌握共享式以太网的组建和交换式以太网的组建。

2）掌握对等网和基于服务器网络的组建。

3）掌握共享式以太网平滑升级到交换式以太网的方法。

4）能够分析和排除简单的网络故障。

【背景描述】

假设某公司最初只有 5 人，从原来的办公室搬迁到新办公室，需要重新组建一个小型的局域网。为了节约开支，公司要求必须利用原来旧的集线器，刚入职的小希就着手开始组建局域网。

公司发展速度很快，公司职员和业务急剧增长。一期建设的共享式局域网已经不能满足公司的实际需求，随后进行公司二期网络建设和三期网络建设。

【实验设备】

1）双绞线 1 箱，工具 1 套。

2）一期网络建设：PC 机 5 台，旧的集线器 1 台。

3）二期网络建设：PC 机若干，百兆交换机 1 台。

4）三期网络建设：PC 机若干，千兆交换机 2 台，服务器 1 台。

5）为了便于实验，建议采用 Packet Tracer 模拟软件。

【实验内容及步骤】

6.1　一期网络建设（共享式以太网）

1）网络拓扑设计

经过小希的调研和需求分析，在利用旧系统的基础上，决定建设共享式以太网，网络拓扑结构设计，如图 6-1 所示。由于集线器的数据传输速率只有 10Mbit/s，因此，按照 10Base-T 的标准建设一期共享式以太网，可以满足公司的资源共享和信息传递。

2）制作双绞线安装网络设备，并互联

制作双绞线，测试成功后，按照图 6-1 所示的共享式以太网拓扑结构设计，连接、安装计算机和集线器。

3）规划设计 IP 地址等网络参数

将安装有 Windows 操作系统的每台计算机按表 6-1 所示，设置 IP 地址、子网掩码、主机名称和工作组名称。

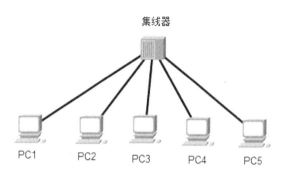

图 6-1　共享式以太网拓扑图

表 6-1　主机网络参数规划

主机名称	工作组名称	IP 地址	子网掩码
PC1		192.168.0.1	255.255.255.0
PC2		192.168.0.2	255.255.255.0
PC3	WS	192.168.0.3	255.255.255.0
PC4		192.168.0.4	255.255.255.0
PC5		192.168.0.5	255.255.255.0

在实际操作系统中，IP 地址、主机名称和工作组名称的配置和管理如下：

（1）配置 IP 地址。打开计算机的【控制面板】→【网络和共享中心】，单击"更改网络适配器设置"，选中"本地连接"，单击鼠标右键，在弹出的快捷菜单中选择"属性"命令，打开本地连接属性对话框。双击"Internet 协议版本 4（TCP/IPv4）"，打开"Internet 协议版本 4（TCP/IPv4）属性"对话框，设置 IP 地址等信息，如图 6-2 所示。

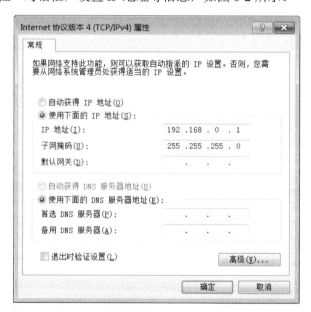

图 6-2　"Internet 协议版本 4（TCP/IPv4）属性"对话框

（2）配置计算机名称和工作组名称。选中"计算机"图标，单击鼠标右键，在弹出的快捷菜单中选择"属性"命令，打开相应的对话框，单击"更改设置"，打开"系统属性"选项卡，单击"网络 ID"按钮，打开"加入域或工作组"对话框，选中"这台计算机是商业网络的一部分，用它连接到其他工作中的计算机"单选项，单击"下一步"按钮，选中"公司使用没有域的网络"单选项，单击"下一步"按钮，键入计算机工作组名为"WS"，如图 6-3 所示。单击"下一步"按钮，在打开的对话框中单击"完成"按钮，重启计算机即可生效。

计算机名称更改在打开的计算机"系统属性"选项卡中，单击"更改"按钮，打开"计算机名/域更改"对话框，如图 6-4 所示，输入计算机名称"PC1"，选中"工作组"单选项，在相应的文本框中输入"WS"，单击"确定"按钮，重启计算机即可完成。

图 6-3　加入域或工作组对话框

图 6-4　"计算机名/域更改"对话框

4）网络测试

网络参数配置完成后，进行网络系统调试，并调试和记录网络相关信息。

用 ping 命令互相测试，查看 ping 通结果，查看网络传输基本性能，是否存在网络延迟过大的问题。将测试结果填写在表 6-2 中。在实际应用中，打开任何一台计算机上的网上邻居，查看该工作组的计算机是否齐全，可以快速判断网络连通情况。

表 6-2　ping 测试结果

主机名称	IP 地址	子网掩码	测试项目	测试结果
PC1	192.168.0.1	255.255.255.0	分别 ping PC2，PC3，PC4，PC5	
PC2	192.168.0.2	255.255.255.0	分别 ping PC1，PC3，PC4，PC5	
PC3	192.168.0.3	255.255.255.0	分别 ping PC1，PC2，PC4，PC5	
PC4	192.168.0.4	255.255.255.0	分别 ping PC1，PC2，PC3，PC5	
PC5	192.168.0.5	255.255.255.0	分别 ping PC1，PC2，PC3，PC4	

假如小希一时疏忽，将 PC3 的 IP 地址设置为 192.168.10.3，子网掩码设置为 255.255.255.0。请按上述步骤记录测试结果_____。

5）经过测试和调试，可以进行文件共享（请参见实验项目：文件共享与用户管理）和数据通信，共享式以太网的组建就完成了。其实，这个共享式以太网也是一个对等网。

6.2 二期网络建设（交换式以太网）

1）二期网络规划设计

随着公司职员人数和业务的增长，网络传输速率变慢。这是因为共享式以太网是一种介质"争用"技术，基于广播的方式发送数据，共享带宽，当节点数量过多时，冲突增加，带宽降低。网络管理员小希充分考虑了一期网络建设的情况，在此基础上，进行平滑的升级改造。在不改变网络拓扑和综合布线的基础上，将原来旧的集线器用新买的百兆交换机替换，更换不支持百兆速率的计算机网卡。这样就实现了从十兆共享式以太网向百兆交换式以太网平滑升级，即从10Base-T 升级到 100Base-T，数据传输速率和性能大大提高了。交换式以太网拓扑结构如图 6-5 所示。

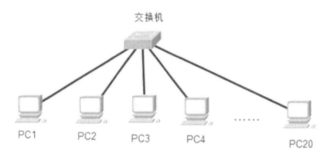

图6-5 交换式以太网拓扑图

2）更换部分不支持百兆速率的网卡，用新买的交换机替换集线器。

3）更新网络参数配置。

对更换网卡的计算机重新设置 IP 地址等信息。更新原有的设置不合理的 IP 地址信息，具体信息如表 6-3 所示。

表6-3 主机网络参数规划

主机名称	工作组名称	IP 地址	子网掩码
PC1		192.168.0.1	255.255.255.0
PC2		192.168.0.2	255.255.255.0
PC3	WS	192.168.0.3	255.255.255.0
PC4		192.168.0.4	255.255.255.0
...		...	...
PC20		192.168.0.20	255.255.255.0

4）网络测试

按照上述方法和步骤进行网络系统调试，并调试和记录网络相关信息：＿＿＿＿＿＿＿＿＿＿＿

＿＿。

5）经过测试和调试，可以进行文件共享和数据通信，至此，交换式以太网的组建已完成，网络性能大大提高，而且升级改造成本不算太高。事实上，该交换式以太网也是一个对等网。

6.3 三期网络建设（基于服务器的交换式以太网）

1）三期网络规划设计。随着公司职员人数和业务量的继续增长，网络中的数据集中存储和管理的需要也越来越明显。网络管理员充分考虑了二期网络建设的情况，并在此基础上，进行平滑的升级改造。在不改变网络拓扑和综合布线的基础上，继续保持原有的百兆快速以太网（100Base-T），新增的设备采用千兆以太网（1000Base-T）标准建设，新布线采用超 5 类双绞线或 6 类双绞线，这样升级的以太网可以工作于 100Mbit/s 和 1000Mbit/s 两种速率下，也就是按照"千兆骨干、百兆桌面"的原则升级网络。新购置 100/1000Mbit/s 自适应交换机和服务器各 1 台，交换机用于网络节点扩展，服务器用于网络数据的集中存储和管理。这样就实现了从对等网向基于服务器的交换式以太网的升级。其网络拓扑结构如图 6-6 所示。

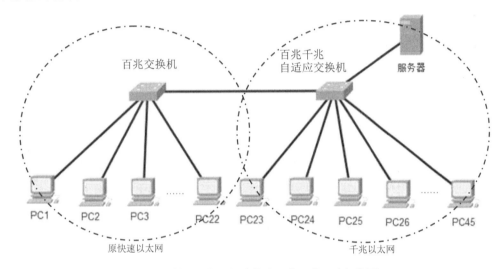

图 6-6 基于服务器的交换式以太网的网络拓扑图

2）级联交换机，更换部分计算机的百兆网卡，并连接服务器。

3）按照二期网络建设的思路，规划和更新网络参数配置，如 IP 地址等，并进行测试。

4）经过测试和调试，就完成了基于服务器的交换式以太网的组建，这样，网络数据集中存储和管理问题得到有效的改善。

【注意事项】

1）注意共享式以太网、交换式以太网、对等网和基于服务器的网络组建的核心要素。

2）灵活地运用 ping 命令测试和调试网络。

【项目拓展】

1）如果该网络想进一步接入 Internet，宣传和发布公司相关信息，可以参照后续实验项目，完成 Internet 的接入和服务器的管理配置。

2）如果网络规模进一步扩大，请考虑使用虚拟局域网（VLAN）优化网络配置。

【实践评价】

班　级		学　号		姓　名				
实验地点		实验日期		成绩评定	A	B	C	D
实验目的								
实验过程记录								
实验结果描述								
总结体会及注意事项								

⊰ 实验项目 7　无线网络组建与调试 ⊱

【预备知识】

无线局域网使用无线标准 IEEE 802.11、蓝牙或红外线等技术，是有线网络的重要补充和延伸，并逐步成为网络中一个至关重要的组成部分。组建无线网络时可以使用无线访问接入点 AP 和无线宽带路由器两种组网设备，随着无线宽带路由器价格的下降及技术的日趋成熟，因其具有更多的功能、更高的管理控制能力，以及无线与有线网络的无缝连接等优势，无线宽带路由器正在成为受更多用户青睐的无线组网设备。

在无线局域网中，无线局域网的配置有对等模式和基础架构模式，对等模式又称 Ad-Hoc 模式，基础架构模式又称 Infrastructure 模式。

（1）对等模式

在点对点的网络中，将两台或两台以上的客户端连接在一起，就可以创建简单的无线网络。以这种方式建立的简单无线网络称为对等无线网络。其中不含集中设备 AP。对等网络覆盖的区域称为独立的基本服务集（IBSS）。这种无线网络通信效率较低，通信距离较短，且在用户数量较多时性能较差。计算机通过 Ad-Hoc 结构互联。对等模式的无线网络模式通常只适用于临时的无线应用环境，如小型会议室、家庭无线网络等。

（2）基础架构模式

基础架构模式属于集中式结构，通常作为有线网络的扩展和延伸。基于无线 AP 的基础架构模式与有线网络中的星型网络相似，无线 AP 相当于有线网络中的交换机，起着集中连接和数据交换的作用。在这种无线网络模式中，除了需要安装无线网卡，还需要一个 AP。这个 AP 用于集中连接并管理所有无线节点。基于无线 AP 的基础架构模式的无线局域网不仅可以应用于独立的无线局域网中，还可以应用于大型网络中，如宾馆、机场等。

接入加密方案 WEP（Wired Equivalent Privacy，有线等效的保密）是 IEEE 802.11b 标准的一部分，该加密方案相对比较容易破解。因此，现在的无线局域网普遍采用保密性更好的加密方案 WPA（Wi-Fi Protected Access，无线局域网受保护的接入）或其第二个版本 WPA2。现在的 WPA2 是 2004 年颁布的标准 IEEE 802.11i 中强制执行的加密方案。

【实验目的】

1）掌握无线局域网组建的基本方法和步骤。

2）掌握无线客户端的配置。

3）理解无线网络的安全配置。

4）能够分析和排除简单的网络故障。

【背景描述】

在人们的日常生活和工作中，随着移动终端设备的日益流行，无线网络越来越受人们的喜爱。假设某小型公司需要重新组建一个简单的无线网络，以满足公司的办公需求。

【实验设备】

1）为了便于实验，使用 Packet Tracer 模拟软件中的多功能无线路由器（Linksys-WRT300N Wireless Router），准备笔记本 1 台，台式计算机 1 台。

2）无线网络拓扑结构如图 7-1 所示。

图 7-1　无线网络拓扑图

【实验内容及步骤】

7.1　配置无线路由器 WRT300N

1）打开 Packet Tracer 模拟软件，在工作区域选择无线路由器 WRT300N，并选择 PC 机 1 台，笔记本 1 台，如图 7-1 所示。

2）无线路由器基本配置。打开无线路由器的 GUI 界面，如图 7-2 所示，采用自动配置 DHCP，设置本路由器的 IP 地址为"192.168.100.1"，子网掩码为"255.255.255.0"。开启 DHCP 服务器，配置起始 IP 地址为"192.168.100.100"，最大接入用户数为"50"。单击保存即可。

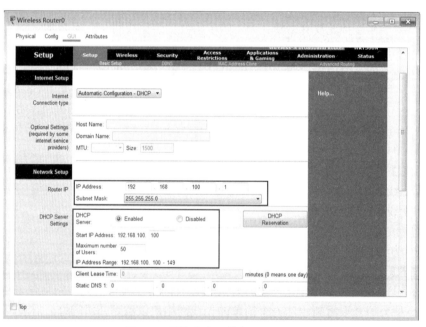

图 7-2　无线路由器基本设置界面

3）安全认证配置。如图 7-3 所示，转到"config"选项卡，选择"Wireless"选项，配置 SSID 为"sohu315"，选中"WPA2-PSK"单选项，并设置密码。

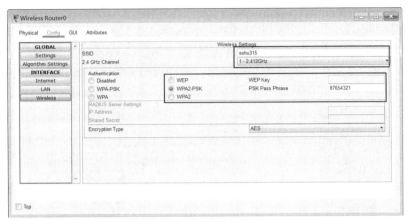

图 7-3　无线路由器的无线配置安全认证界面

7.2　配置网络终端

1）添加无线网卡到台式计算机 PC-PT。选中网络拓扑中的 PC，打开配置页面，转到 "Physical" 选项卡，如图 7-4 所示。在右侧 "Physical Device View"（物理设备视图）选区组中单击 "Zoom In" 按钮，单击电源按钮关闭计算机，注意必须关闭电源才能添加网卡。找到计算机网卡，向左拖动计算机网卡到 "MODULES"（设备模块）处，也就是拆除有线网卡，更改为无线网卡。找到设备模块列的 "WMP300N" 无线网卡，拖动其替换有线网卡，如图 7-5 所示，最后打开计算机电源。

图 7-4　计算机电源开关和无线网卡

2）切换至"Desktop"选项卡，选择"PC Wireless"选项，在打开的对话框中转到"Connect"（连接）选项卡，可以看到已经搜索到"sohu315"这个服务集标识 SSID，如图 7-6 所示。单击"Connect"按钮，设置加密方案为"WPA2-PSK"，输入正确的认证密码"87654321"，如图 7-7 所示，单击"Connect"按钮即可与无线路由器连接成功。

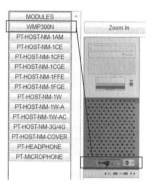

图 7-5　计算机无线网卡

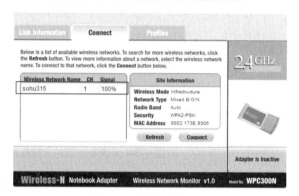

图 7-6　搜索无线网络

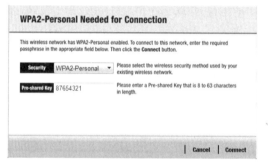

图 7-7　无线安全认证连接

3）在"Desktop"选项卡中的"IP Configuration"选项组中，将 IP 地址从静态（Static）修改为自动获取（DHCP）。如图 7-8 所示，本台计算机获取的 IP 地址为"192.168.100.101"，子网掩码为"255.255.255.0"。

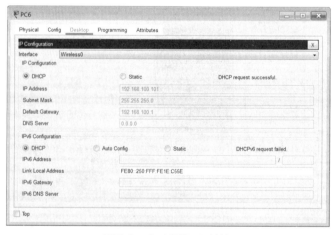

图 7-8　自动获取 IP 地址

4）笔记本电脑配置与台式计算机配置一致，也需要添加无线网卡和认证连接，才可以与无线路由器成功连接。请读者自行配置，并记录结果。

5）测试连接。通过使用"ipconfig"命令，可以查看到两台计算机自动获取的 IP 地址分别为"192.168.100.101"和"192.168.100.102"。使用"ping"命令的测试结果如图 7-9 所示，表明通信成功。

```
C:\>ping 192.168.100.102

Pinging 192.168.100.102 with 32 bytes of data:

Reply from 192.168.100.102: bytes=32 time=30ms TTL=128
Reply from 192.168.100.102: bytes=32 time=22ms TTL=128
Reply from 192.168.100.102: bytes=32 time=23ms TTL=128
Reply from 192.168.100.102: bytes=32 time=23ms TTL=128

Ping statistics for 192.168.100.102:
    Packets: Sent = 4, Received = 4, Lost = 0 (0% loss),
Approximate round trip times in milli-seconds:
    Minimum = 22ms, Maximum = 30ms, Average = 24ms
```

图 7-9 使用"ping"命令的测试结果

【注意事项】

1）注意无线 AP 和无线路由器的不同。

2）注意通信双方采用的无线加密认证方式必须一致，否则无线连接不成功。

【项目拓展】

1）请使用 Packet Tracer 模拟软件中的无线接入点（Access Point-PT）互联两台计算机，并记录配置过程，无线网络拓扑如图 7-10 所示。

PC-PT   AccessPoint-PT   Laptop-PT

图 7-10 无线网络拓扑图

2）请读者使用常用的无线路由器，组建一个家庭无线局域网。

【实践评价】

班　级		学　号		姓　名				
实验地点		实验日期		成绩评定	A	B	C	D
实验目的								
实验过程记录								
实验结果描述								
总结体会 及注意事项								

∞ 实验项目 8　交换机的基本配置 ∞

【预备知识】

交换机的管理方式分为带内管理和带外管理两种。通过交换机的 Console 端口管理交换机属于带外管理，其特点是需要使用配置线缆，近距离配置。第一次配置交换机时必须利用 Console 端口进行配置。

交换机的命令行操作模式主要包括用户模式、特权模式、全局配置模式和接口模式 4 种。具体如下。

1）用户模式：进入交换机后的第一个操作模式，该模式下可以简单查看交换机的软、硬件版本信息，并进行简单的测试。用户模式提示符为"switch>"。

2）特权模式：由用户模式进入的下一级模式，该模式下可以对交换机的配置文件进行管理，如查看交换机的配置信息，进行网络测试和调试等。特权模式提示符为"switch#"。

3）全局配置模式：属于特权模式的下一级模式，该模式下可以配置交换机的全局性参数（如主机名、登录信息等）。在该模式下可以进入下一级配置模式对交换机具体的功能进行配置。全局模式提示符为"switch(config)#"。

4）接口模式：属于全局模式的下一级模式，该模式下可以对交换机的接口进行参数配置。接口模式提示符为"switch(config-if)#"。

exit 命令是指退回到上一级操作模式。end 命令是指用户从特权模式以下级别直接返回到特权模式。

【实验目的】

1）掌握交换机命令行的各种操作模式及模式之间的切换。

2）掌握交换机的基本配置方法。

3）能够查看交换机的系统信息和当前配置信息。

【背景描述】

某公司由于业务发展需要，新购置了一批交换机。作为公司的网管，小希需要快速熟悉这批设备，以胜任公司的网络管理工作。

【实验设备】

1）Packet Tracer 模拟软件，交换机 1 台，计算机 1 台，Console 线缆 1 根。

2）实验网络拓扑结构如图 8-1 所示。

图 8-1　实验网络拓扑图

【实验过程】

8.1　使用超级终端连接交换机

运行"超级终端"程序和计算机建立连接，连接成功后即登录到交换机的配置界面。再根据不同交换机产品的配置命令（如华为、思科、H3C 等）对交换机进行配置及管理。具体步骤如下：

1）如图 8-1 所示，将 Console 线缆的 RJ-45 接头端连接在交换机的 Console 口上，将

Console 线缆的另一端的串行口连接到管理计算机的 RS232 接口上。

2）在 PC 上双击，打开 PC 终端配置界面，单击"Desktop"标签切换到用户终端 PC 的图形化界面，如图 8-2 所示。

图 8-2　用户终端 PC 的图形化界面

3）单击"Terminal"图标，打开 PC 的模拟超级终端，如图 8-3 所示。选择默认参数即可，单击"OK"按钮，即可进入交换机命令行配置界面，如图 8-4 所示。用户可以通过 CLI 对交换机进行基本配置。首先进入的就是用户模式。

图 8-3　PC 的模拟超级终端

图 8-4　交换机命令行配置界面（方式一）

4）实际上，为了方便进行命令行配置，可以直接在交换机上双击，转到"CLI"选项卡，进入交换机命令行配置界面，如图 8-5 所示。其功能与图 8-4 所示的命令行配置界面的功能完全一样，只是背景不同。

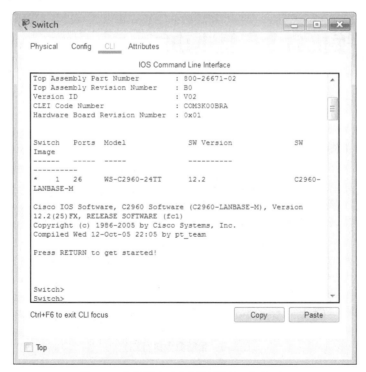

图 8-5　交换机命令行配置界面（方式二）

8.2 交换机工作模式及切换

1）用户模式

```
Switch>                                 !交换机信息的查看，简单测试命令
```

2）特权模式

```
Switch#                                 !查看、管理交换机配置信息，测试、调试
```

命令：`Switch>enable`   !进入特权模式

3）配置模式

```
Switch(config)#                         !配置交换机的整体参数
```

命令：`Switch#configure terminal`   !进入全局配置模式

4）接口配置模式

```
Switch(config-if)#                      !配置交换机的接口参数
```

命令：`switch(config)#interface fastethernet 0/3`

5）VLAN 模式

```
Swicth(config-vlan)#                    !配置交换机的 VLAN 参数
```

命令：`Switch(config)#interface vlan 1`   !进入交换机 VLAN 1

逐级退出时使用命令"exit"。用"end"命令可直接返回到特权模式。

8.3 交换机命令行基本功能

1）使用帮助

（1）显示当前命令视图下可执行命令列表。

```
Switch>?
```

命令执行结果如图 8-6 所示。

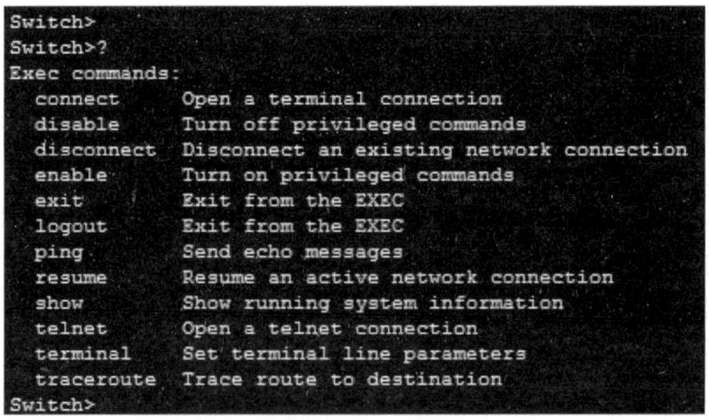

```
Switch>
Switch>?
Exec commands:
  connect      Open a terminal connection
  disable      Turn off privileged commands
  disconnect   Disconnect an existing network connection
  enable       Turn on privileged commands
  exit         Exit from the EXEC
  logout       Exit from the EXEC
  ping         Send echo messages
  resume       Resume an active network connection
  show         Show running system information
  telnet       Open a telnet connection
  terminal     Set terminal line parameters
  traceroute   Trace route to destination
Switch>
```

图 8-6　帮助命令执行结果

（2）显示当前模式下所有以"co"开头的命令，输入"co？"即可，命令执行结果如图 8-7 所示。

（3）显示 copy 命令的可选参数。

```
Switch#copy ?                              !显示 copy 命令可执行的参数
```

命令执行结果如图 8-8 所示。

```
Switch#co?
configure  connect  copy
```

图 8-7 以 "co" 开头的命令执行结果

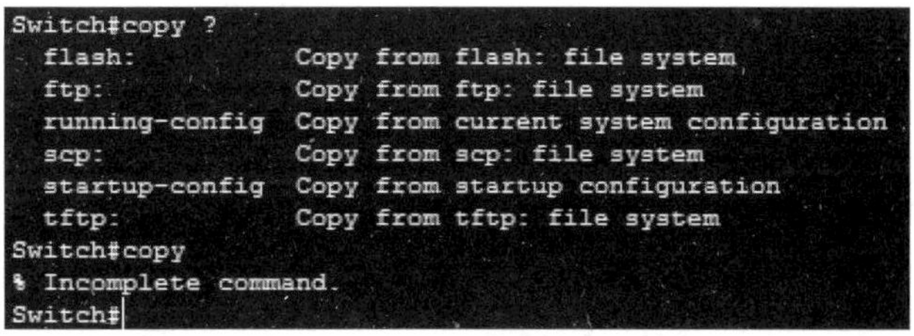

```
Switch#copy ?
  flash:            Copy from flash: file system
  ftp:              Copy from ftp: file system
  running-config    Copy from current system configuration
  scp:              Copy from scp: file system
  startup-config    Copy from startup configuration
  tftp:             Copy from tftp: file system
Switch#copy
% Incomplete command.
Switch#
```

图 8-8 copy 命令执行结果

2）命令的简写

交换机支持命令或参数的简写形式。命令的简写没有固定的长度，只需注意一个原则，即输入的前缀没有二义性，也就是唯一标识一个命令或参数。

```
Switch#conf  t              !命令的简写，该命令代表 configure terminal
Switch(config)#
```

3）命令的自动补齐

按下键盘上的 Tab 键，可以实现命令的自动补齐。

```
Switch#conf 【Tab 键】              !自动补齐 configure
Switch#configure
Switch#configure t 【Tab 键】       !自动补齐 configure terminal
Switch#configure terminal
```

4）命令的快捷键功能

按下 "Ctrl+Z" 组合键，从任何模式直接返回特权模式。

```
Switch(config-if)# ^Z
switch#
```

按下 "Ctrl+C" 组合键，强行终止当前命令。

```
switch#ping 1.1.1.1     !测试一个不存在的目标
```

命令执行结果如图 8-9 所示。在特权模式下执行 ping 1.1.1.1 命令，默认情况下发送 5 个数据包。如果不需要等到 5 个数据包发送完命令自动结束，可在 5 个包未发送完之前的任意时刻按下 "Ctrl+C" 组合键直接终止命令。实际上，任何正在执行的命令都可以直接使用 "Ctrl+C" 组合键强行终止。

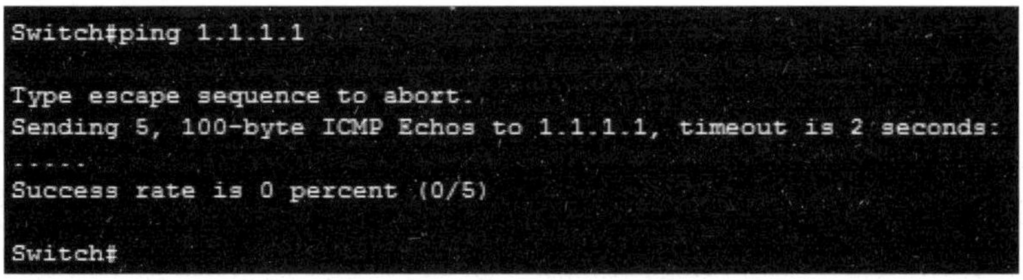

```
Switch#ping 1.1.1.1

Type escape sequence to abort.
Sending 5, 100-byte ICMP Echos to 1.1.1.1, timeout is 2 seconds:
.....
Success rate is 0 percent (0/5)

Switch#
```

图 8-9 ping 命令执行结果

8.4 交换机基本配置命令

1）交换机命名

```
Switch(config)#hostname S2960          !将交换机命名为"S2960"
S2960(config)#
```

2）交换机端口参数的配置

```
S2960>enable
S2960#configure terminal
S2960(config)#
S2960(config)#interface fastethernet 0/3    !f0/3的接口模式
S2960(config-if)#speed 10                    !配置端口速率为10Mbit/s
S2960(config-if)#duplex half                 !配置端口的双工模式为半双工
S2960(config-if)#no shutdown                 !激活该端口
```

3）查看交换机端口参数

在特权模式下输入"show interfaces f0/3"命令查看端口参数，如图8-10所示。

```
S2960#show int
S2960#show interfaces f0/3
FastEthernet0/3 is down, line protocol is down (disabled)
  Hardware is Lance, address is 0001.4317.bc03 (bia 0001.4317.bc03)
  BW 10000 Kbit, DLY 1000 usec,
     reliability 255/255, txload 1/255, rxload 1/255
  Encapsulation ARPA, loopback not set
  Keepalive set (10 sec)
  Half-duplex, 10Mb/s
  input flow-control is off, output flow-control is off
  ARP type: ARPA, ARP Timeout 04:00:00
  Last input 00:00:08, output 00:00:05, output hang never
  Last clearing of "show interface" counters never
  Input queue: 0/75/0/0 (size/max/drops/flushes); Total output drops: 0
  Queueing strategy: fifo
  Output queue :0/40 (size/max)
  5 minute input rate 0 bits/sec, 0 packets/sec
  5 minute output rate 0 bits/sec, 0 packets/sec
     956 packets input, 193351 bytes, 0 no buffer
     Received 956 broadcasts, 0 runts, 0 giants, 0 throttles
     0 input errors, 0 CRC, 0 frame, 0 overrun, 0 ignored, 0 abort
     0 watchdog, 0 multicast, 0 pause input
     0 input packets with dribble condition detected
     2357 packets output, 263570 bytes, 0 underruns
     0 output errors, 0 collisions, 10 interface resets
     0 babbles, 0 late collision, 0 deferred
     0 lost carrier, 0 no carrier
     0 output buffer failures, 0 output buffers swapped out
```

图8-10　查看端口参数

"Half-duplex，10Mb/s"含义是半双工，速率是10Mbit/s。端口虽然设置了开启状态，但是仍然显示为"down"，因为端口是"disabled"（没有供电，或者协议配置不正确）。

要查看端口支持的工作模式，可以在端口模式下使用命令"duplex ？"，如本交换机的FastEthernet 0/3端口支持的工作模式如图8-11所示。当前端口支持自适应（AUTO）、全双工（full）和半双工（half）3种模式，默认为全双工模式。如图8-12所示，当前端口支持的速率有100（100Mbit/s）、10（10Mbit/s）、AUTO（自适应），默认为自适应。

```
S2960(config-if)#duplex ?
  auto  Enable AUTO duplex configuration
  full  Force full duplex operation
  half  Force half-duplex operation
```

```
S2960(config-if)#speed ?
  10    Force 10 Mbps operation
  100   Force 100 Mbps operation
  auto  Enable AUTO speed configuration
```

图8-11　查看端口支持的工作模式　　　　　　图8-12　查看端口支持的速率

4）交换机密码配置

Cisco IOS 设备的 Console 端口具有特别权限。作为最低限度的安全措施，必须为所有网络设备的 Console 端口配置强密码。在全局配置模式下配置命令如下：

```
Switch(config)#line console 0
Switch(config-line)#password password
Switch(config-line)#login
```

可使用 enable password 命令或 enable secret 命令（配置特权密码和特权加密密码）提供更高的安全性。

```
Switch(config)#enable password password      !配置的密码不会被加密
Switch(config)#enable secret password        !配置的密码被加密
```

5）保存交换机配置信息

交换机配置完成后，在特权模式下，可以使用如下两个命令保存配置信息：

```
Switch#write
或 Switch#copy running-config startup-config
```

6）显示交换机的配置信息

```
Switch#show version                  !查看交换机的版本信息
Switch#show running-config           !查看交换机的运行配置文件
Switch#show ip interfaces            !查看交换机 VLAN 的 IP 端口信息
Switch#show interfaces vlan 1        !查看交换机管理 IP 地址的配置
Switch#show ip interface brief       !查看交换机端口状态
Switch#show mac-address-table        !查看交换机当前的 MAC 地址表的信息
```

7）配置交换机管理 IP 地址

交换机的 IP 地址实际上是在 VLAN1 上进行配置，默认情况下交换机的每个端口都是 VLAN1 的成员。

```
Switch(config)#interface vlan 1                    !进入交换机 VLAN 1
Switch(config-if)#ip address 192.168.1.1 255.255.255.0   !配置交换机管理 IP 地址
Switch(config-if)#no shutdown                      !激活端口
Switch(config-if)#end
```

【注意事项】

1）对于初学者来说，特别需要注意命令所在的操作模式。

2）一般情况下，交换机所有端口默认都属于 VLAN 1，通常给 VLAN 1 配置管理 IP 地址，方便远程管理交换机。交换机端口是不可以配置 IP 地址，因为其工作于 OSI 模型的数据链路层。

【项目拓展】

请在交换机基本配置命令的基础上，考虑如何对交换机进行远程配置和管理，并配置安全访问密码，网络拓扑结构如图 8-13 所示。

图 8-13 远程配置交换机网络拓扑图结构

【实践评价】

班　级		学　号		姓　名				
实验地点		实验日期		成绩评定	A	B	C	D
实验目的								
实验过程记录								
实验结果描述								
总结体会及注意事项								

✄ 实验项目 9　交换机上实现 VLAN 划分 ✄

【预备知识】

虚拟局域网（VLAN，Virtual Local Area Network）技术标准 IEEE 802.1Q 在 1999 年由 IEEE 委员会正式颁布。VLAN 是为解决以太网的广播和安全性问题而提出的一种协议。VLAN 在企业网络中的应用非常广泛，已成为当前最为热门的一种以太网技术。

虚拟局域网主要是通过交换设备和路由设备在物理网络拓扑结构上建立逻辑网络的。这里的交换设备和路由设备，通常指交换机和路由器，但是主流应用还是在交换机中，只有支持 VLAN 协议的交换机才具有此功能。VLAN 是一组逻辑上的设备和用户，这些用户和设备可以跨越不同网段、不同网络，不受地理位置的限制，可以根据功能、部门和应用等因素将它们组织起来，有效地隔离广播域，实现彼此之间的通信，就好像它们在同一个网络中一样。

在 VLAN 中，对广播数据的抑制由交换机完成。与传统的局域网相比，VLAN 技术更加灵活，可以控制广播活动，提高网络性能和网络安全性。虚拟局域网的主要优点如下。

（1）减少网络上的广播风暴，优化网络性能。广播域被限制在一个 VLAN 内，节省了带宽，提高了网络处理能力。

（2）增强网络的安全性。不同 VLAN 内的数据在传输时是相互隔离的，即一个 VLAN 内的成员不能和其他 VLAN 内的成员直接通信。

（3）灵活构建虚拟工作组，动态管理网络，管理简单、直观。用 VLAN 可以划分不同的用户到不同的工作组，同一工作组的用户也不必局限于某一固定的物理范围，网络构建和维护更加方便灵活。

基于端口的 VLAN 是使用最多的 VLAN 划分方式，网络管理员以手动方式把交换机某一端口划分为某一 VLAN 的成员。这是目前最简单的划分方法，也是最有效的。属于同一 VLAN 的端口可以不连续，一个 VALN 可以跨越多个以太网交换机。基于端口的 VLAN 划分的特点是将交换机按照端口进行分组，每一组均定义了一个虚拟局域网。这种划分原则简单直观、实现容易，并且也比较安全。

【实验目的】

1）掌握 VLAN 的概念和用途。

2）掌握基于端口 VLAN 的配置方法。

3）熟练地掌握网络设备的互连。

4）能够分析和排除简单的网络故障。

【背景描述】

假设某公司有销售部和技术部两个主要部门，其中销售部门的个人计算机系统分散连接，它们之间需要相互进行通信，但为了保证数据安全，销售部和技术部需要相互隔离，现在需要在交换机上做适当配置来实现这一目标。

【实验设备】

1）Packet Tracer 模拟软件，交换机 1 台，计算机若干台。

2）网络拓扑结构如图 9-1 所示，IP 地址等信息如表 9-1 所示。

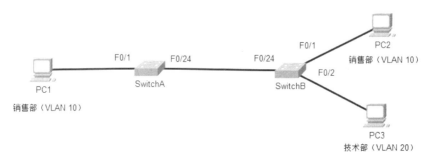

图 9-1　网络拓扑图

表 9-1　IP 地址等信息表

部门	主机名	IP 地址	子网掩码
销售部	PC1	192.168.10.1	255.255.255.0
（VLAN 10）	PC2	192.168.10.2	255.255.255.0
技术部	PC3	192.168.10.3	255.255.255.0
（VLAN 20）			

【实验内容及步骤】

9.1　组网基本配置与测试

1）按照网络拓扑图 9-1 进行组网，并按照表 9-1 配置 IP 地址和子网掩码。

2）使用 ping 命令测试 PC1、PC2 和 PC3 之间的连通性。记录测试结果：PC1 和 PC2_____，PC2 和 PC3_____，PC1 和 PC3_____。

9.2　交换机的 VLAN 配置

1）交换机 SwitchA 上的 VLAN 配置

（1）在交换机 SwitchA 上创建 VLAN 10 和 VLAN 20，命令如下：

```
Switch>
Switch>enable
Switch#configure terminal
Switch(config)#hostname SwtichA              !交换机命名为"SwtichA"
SwitchA(config)#vlan 10                       !创建 VLAN 10
SwitchA(config-vlan)#name xiaoshoubu          !把 VLAN10 命名为"xiaoshoubu"
SwitchA(config-vlan)#vlan 20                  !创建 VLAN 20
SwitchA(config-vlan)#name jishubu             !把 VLAN 20 命名为"jishubu"
SwitchA(config-vlan)#exit
SwitchA(config)#
```

（2）将 F0/1 端口加入 VLAN 10，命令如下：

```
SwtichA(config)#interface f0/1
SwtichA(config-if)#switchport mode access     !设置 f0/1 端口为 Access
SwtichA(config-if)#switchport access vlan 10  ! F0/1 端口加入 VLAN 10
SwtichA(config-if)#end
```

（3）查看 VLAN 信息，命令如下：

```
SwitchA#show vlan
```

运行结果如图 9-2 所示，显示 VLAN 10 和 VLAN 20 创建成功，端口 F0/1 已经加入 VLAN 10。

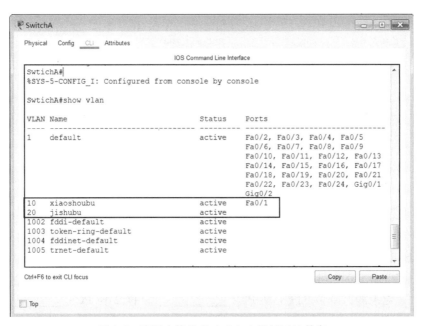

图 9-2　查看交换机 SwitchA 上的 VLAN 信息

2）交换机 SwitchB 上的 VLAN 配置

（1）在交换机 SwitchB 上创建 VLAN 10 和 VLAN 20，命令如下：

```
Switch>
Switch>enable
Switch#configure terminal
Switch(config)#hostname SwtichB             !交换机命名为"SwtichB"
SwitchB(config)#vlan 10                      !创建 VLAN 10
SwitchB(config-vlan)#name xiaoshoubu         !把 VLAN10 命名为"xiaoshoubu"
SwitchB(config-vlan)#vlan 20                  !创建 VLAN 20
SwitchB(config-vlan)#name jishubu            !把 VLAN 20 命名为"jishubu"
SwitchB(config-vlan)#exit
SwitchB(config)#
```

（2）将 F0/1 端口加入 VLAN 10，F0/2 端口加入 VLAN 20，命令如下：

```
SwtichB(config)#interface f0/1
SwtichB(config-if)#switchport mode access       !设置 F0/1 端口为 Access 模式
SwtichB(config-if)#switchport access vlan 10     ! F0/1 端口加入 VLAN 10
SwtichB(config-if)# interface f0/2
SwtichB(config-if)#switchport mode access       !设置 F0/2 端口为 Access 模式
SwtichB(config-if)#switchport access vlan 20     ! F0/2 端口加入 VLAN 20
SwtichB(config)#
```

（3）查看 VLAN 信息，命令如下：

```
SwitchB#show vlan
```

运行结果如图9-3所示，显示 VLAN 10 和 VLAN 20 创建成功，端口 F0/1 已经加入 VLAN 10。

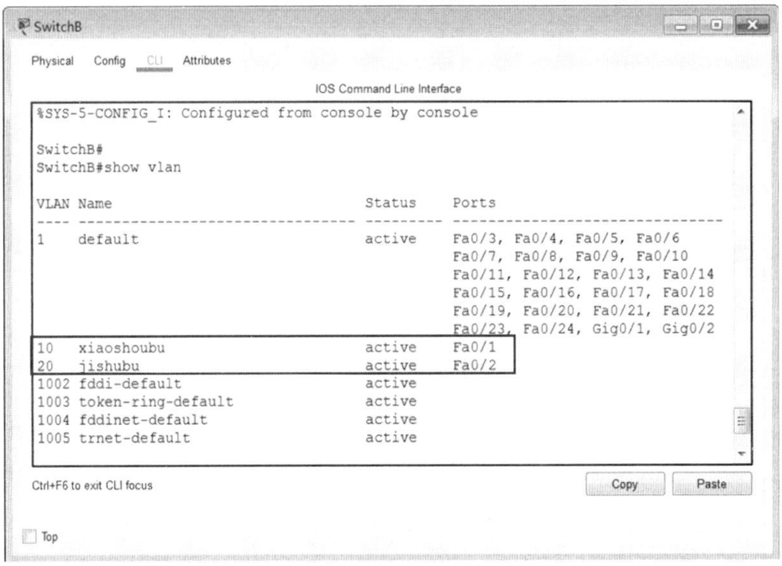

图 9-3　查看交换机 SwitchB 上的 VLAN 信息

3）测试连通性

上述配置将 3 台 PC 分别划分到各自的 VLAN 中，请使用 ping 命令测试 PC1、PC2 和 PC3 之间的连通性。记录测试结果：PC1 和 PC2＿＿＿＿＿＿，PC2 和 PC3＿＿＿＿＿＿，PC1 和 PC3＿＿＿＿＿＿。

经测试发现，它们之间都无法 ping 通。原因是交换机没有配置中继链路为 Trunk。Trunk 模式在默认情况下支持所有 VLAN 的传输。

4）在交换机上配置 Trunk 链路

（1）交换机 SwitchA 上的 Trunk 配置如下：

```
SwtichA(config)#interface f0/24
SwtichA(config-if)#switchport mode trunk        !设置 F0/24 端口为 Trunk 模式
SwtichA(config-if)#end
```

（2）交换机 SwitchB 上的 Trunk 配置如下：

```
SwtichB(config)#interface f0/24
SwtichB(config-if)#switchport mode trunk        !设置 F0/24 端口为 Trunk 模式
SwtichB(config-if)#end
```

9.3　测试实验结果

1）验证端口分配情况

在交换机 SwitchA 和 SwitchB 上分别执行"show vlan"命令，查看并记录实验结果。

＿＿

＿＿

＿＿＿＿＿＿＿＿＿＿＿＿＿＿＿＿＿＿＿＿＿＿＿＿＿＿＿＿＿＿＿＿＿＿＿＿＿＿。

2）VLAN 间连通性测试

请使用 ping 命令测试 PC1、PC2、PC3 之间的连通性，并将结果记录在表 9-2 中。

表 9-2   测试结果

部门	测试项目	测试结果
销售部与销售部 （相同 VLAN）	PC1 与 PC2	
技术部与销售部 （不同 VLAN）	PC1 与 PC3	
	PC2 与 PC3	

3）测试结论：_____

_____。

4）在交换机 SwitchB 上运行"show running-config"命令，查看到交换机当前配置结果如下。交换机 SwitchA 的当前配置信息请读者运行查看。

```
SwitchB#show running-config
Building configuration...
Current configuration : 1204 bytes
version 12.2
no service timestamps log datetime msec
no service timestamps debug datetime msec
no service password-encryption
hostname SwitchB
spanning-tree mode pvst
spanning-tree extend system-id
interface FastEthernet0/1
 switchport access vlan 10
 switchport mode access
interface FastEthernet0/2
 switchport access vlan 20
 switchport mode access
interface FastEthernet0/3
interface FastEthernet0/4
interface FastEthernet0/5
interface FastEthernet0/6
interface FastEthernet0/7
interface FastEthernet0/8
interface FastEthernet0/9
interface FastEthernet0/10
interface FastEthernet0/11
interface FastEthernet0/12
interface FastEthernet0/13
interface FastEthernet0/14
interface FastEthernet0/15
interface FastEthernet0/16
interface FastEthernet0/17
interface FastEthernet0/18
interface FastEthernet0/19
interface FastEthernet0/20
interface FastEthernet0/21
interface FastEthernet0/22
interface FastEthernet0/23
interface FastEthernet0/24
switchport mode trunk
interface GigabitEthernet0/1
```

```
interface GigabitEthernet0/2
interface Vlan1
 no ip address
 shutdown
line con 0
line vty 0 4
 login
line vty 5 15
 login
end
```

【注意事项】

1）按照网络拓扑图进行网络连接，注意 PC 和交换机连接的端口。

2）交换机所有的端口在默认情况下都属于 Access，可直接将端口加入某一个 VLAN。

3）VLAN 1 属于系统默认的 VLAN，不能被删除。

4）删除某个 VLAN，使用 no 命令，如 Switch(config)#no vlan 10。删除 VLAN 时，要先将该 VLAN 的成员端口删除，即将其加入 VLAN 1。

【项目拓展】

1）图 9-1 所示是跨交换机实现 VLAN 的划分，如果删除一个交换机，就是在单个交换机上实现 VLAN 的划分，其网络拓扑结构如图 9-4 所示，请按照上述步骤进行配置，并测试实验结果。

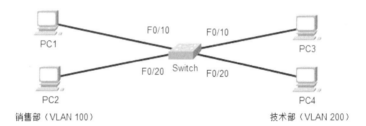

图 9-4　单个交换机上实现 VLAN 的划分的网络拓扑图

2）请查阅相关资料，了解不同 VLAN 之间是如何实现通信的。

【**实践评价**】

班　级		学　号		姓　名				
实验地点		实验日期		成绩评定	A	B	C	D
实验目的								
实验过程记录								
实验结果描述								
总结体会 及注意事项								

◈ 实验项目 10　IP 地址与子网划分 ◈

【预备知识】

1）子网划分

由网络管理员将一个 A 类、B 类或 C 类网络划分成若干个规模更小的逻辑网络，这个更小的逻辑网络称为子网。划分子网的好处是，使 IP 地址使用得更加灵活，缩小网络广播域范围，便于网络管理，有助于解决 IP 地址资源不够用的问题。需要说明的是，子网的划分属于单位内部的事情。从外部来看，这个单位仍只是一个网络，看不到具体的子网划分。

子网的划分方法是从主机位中借若干高位充当子网号，即 IP 地址中的主机号再分成两部分，一部分是子网号，用于子网编址；另一部分是主机号，用于主机编址，如图 10-1 所示。划分子网以后，原 IP 地址结构变成了三级层次结构：网络号、子网号和主机号。也就是说，子网的概念延伸了原网络号部分，允许将一个网络分解为多个子网。

图 10-1　子网划分原理

借用的地址位根据实际情况可变，但必须从高位连续借用，中间不能跳位。子网的划分，实际上就是设计子网掩码的过程。子网掩码主要用来区分 IP 地址中的网络号、子网号和主机号。子网掩码中的"1"对应 IP 地址的网络号或子网号部分，"0"对应 IP 地址的主机号部分，可通过将 IP 地址与子网掩码进行"与"计算得出网络号或子网号。

在进行子网划分时，首先必须明确划分后所要得到的子网数量和每个子网所拥有的主机数，然后才能确定从主机位中借出的子网号位数。原则上，根据全"0"和全"1"IP 地址必须保留的规定，子网划分至少要从主机位中选取 1 位作为子网号。显然，子网号所占的位数越多，拥有的子网数就越多，可分配给主机号的位数就越少，每个子网包含的主机数就越少。反之，子网号所占的位数越少，拥有的子网数就越少，可分配的主机号的位数就越多，每个子网可包含的主机数就越多。

在设计子网划分方案时，需要考虑以下 6 个问题。

（1）需要规划多少个子网？

（2）每个子网中有多少台主机？

（3）符合网络要求的子网掩码是什么？

（4）每个子网的网络地址（每个子网的第一个地址）是什么？

（5）每个子网的广播地址（每个子网的最后一个地址）是什么？

（6）每个子网中有效 IP 地址范围是什么？

2）可变长子网掩码

可变长子网掩码的出现打破了传统以"类"为标准的地址划分方法，它是为了缓解 IP 地址紧缺而产生的，它指明在一个划分子网的网络中，可以同时使用几个不同的子网掩码。例如，某公司可能在总部有很多的主机，而分公司或部门的主机数相对较少。为了尽可能提高 IP

地址的利用率，根据不同子网的主机规模来进行不同位数的子网划分，这样就会在网络内出现不同长度的子网掩码并存的情况。通常将这种允许在同一网络范围内使用不同长度子网掩码的情况称为可变长子网掩码（Variable-Length Subnet Masks，VLSM）。VLSM 在进行编址方案设计时，要遵循以下两个原则。

（1）安排子网的时候，一般情况下按照子网中拥有的主机数从大到小进行安排。

（2）需要连续安排网络地址（不可跳用地址），直到地址空间用完。

VLSM 规划设计和计算一般按照以下步骤完成。

（1）确定所需的子网数量。

（2）确定每个子网所需的主机数量。

（3）根据主机数量与子网数量设计合适的编址方案。

【实验目的】

1）理解 IP 地址类型和分配方法。

2）掌握子网掩码的作用及设置。

3）掌握子网规划与设计方法。

4）能够分析和排除简单的网络故障。

【背景描述】

情境 1：某中型公司集中在大楼的一层，有 7 个部门，申请到的 IP 地址为 210.31.208.0/24。7 个部门都在一个网络，共有 200 台计算机，每个部门计算机总数不超过 30 台。为了方便管理，根据单位所属部门划分成若干个子网，提高网络性能和安全性，便于网络管理。请合理地进行子网划分，规划 IP 地址。

情境 2：某大型公司拥有总部和两个分部，申请到的 IP 地址为 210.31.208.0/24，总部有 110 台计算机，分部 A 有 30 台计算机，分部 B 有 25 台计算机，两个分部直接与总部相连。请合理地进行子网划分，规划 IP 地址。

【实验设备】

为了方便实验，使用 Packet Tracer 模拟软件，绘制情境 1 的网络拓扑结构如图 10-2 所示，情境 2 的网络拓扑结构如图 10-3 所示。

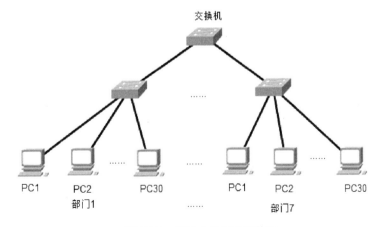

图 10-2　情境 1 的网络拓扑图

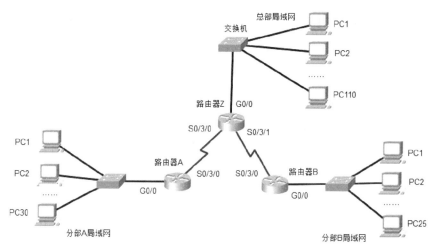

图 10-3 情境 2 的网络拓扑图

【实验内容及步骤】

10.1 情境 1 子网划分（等长子网掩码划分）

1）按照图 10-1 所示的网络拓扑结构进行组网。通过下列 4 个问题对 IP 地址 210.31.208.0/24 进行子网划分。

（1）需要划分_____个子网，需要从主机位中借_____位充当子网位。

（2）每个子网中有_____个可用主机。

（3）请将每个子网的子网掩码、网络地址、广播地址和 IP 地址的有效范围填写在表 10-1 中。

（4）请问是否还有未分配的子网？如果有，它的作用是_____。子网 IP 地址的有效范围是_____，网络地址是_____，广播地址是 _____。

2）按照表 10-1 所填写的内容，配置各部门的 IP 地址和子网掩码。

表 10-1 部门 IP 地址分配表

部门	子网掩码	IP 地址有效范围	网络地址	广播地址
1				
2				
3				
4				
5				
6				
7				

3）测试子网划分情况及 IP 地址配置是否正确。

（1）使用 ping 命令，测试处于同一部门的计算机是否能够相互通信。任意选择同一部门的两台计算机进行测试，并将测试结果填写在表 10-2 中。

表 10-2 同部门通信测试结果

部门	PC 的 IP 地址	另一台 PC 的 IP 地址	测试结果	故障原因
1				
2				
3				
4				
5				
6				
7				

（2）使用 ping 命令测试处于不同子网的计算机是否能够通信。选择处于不同部门的任意两台计算机进行测试，并将测试结果填写在表 10-3 中。

表 10-3 不同部门通信测试结果

IP 地址 ＼ 测试结果 ＼ IP 地址	部门 1	部门 2	部门 3	部门 4	部门 5	部门 6	部门 7
部门 1	—						
部门 2		—					
部门 3			—				
部门 4				—			
部门 5					—		
部门 6						—	
部门 7							—

（3）分析以上测试结果，可以得出的结论是_____

_____。

10.2 情境 2 子网划分（VLSM 划分）

1）按照图 10-2 所示的网络拓扑结构进行组网。根据需求，总部有 110 台计算机，分部 A 有 30 台计算机，分部 B 有 25 台计算机。由于各个部门之间的主机数量不同，为了提高 IP 地址的利用率，需要使用可变长子网掩码进行子网划分。所以，将 IP 地址 210.31.208.0/24 划分为子网才能满足实际需要。

2）在划分子网时优先考虑最大主机数。满足总部子网的 IP 地址需求，利用公式 $2^n-2 \geqslant 110$，得出主机位数为_____位，应用子网划分方法，将划分的第一个子网_____分配给公司总部，子网掩码是_____。

3）将划分的第二个子网（分配给总部后剩下的子网）_____，子网掩码是_____，分配给公司分部 A、分部 B、路由器 Z 与路由器 A、路由器 Z 与路由器

计算机网络基础与应用（实验指南）

B 这 4 个子网。

4）由于公司分部 A 和分部 B 需要的 IP 地址较多。再利用公式 $2^n-2\geq30$ 和 $2^n-2\geq25$，得出主机位数都是＿＿＿＿＿＿＿＿＿＿，应用子网划分方法，划分的新的第一个子网＿＿＿＿＿＿＿＿＿＿，子网掩码是＿＿＿＿＿＿＿＿＿＿，分配给公司分部 A。继续应用子网划分方法，划分的新的第二个子网＿＿＿＿＿＿＿＿，子网掩码是＿＿＿＿＿＿＿＿，分配给公司分部 B。

5）由于路由器 Z 与路由器 A、路由器 Z 与路由器 B 每个网络连接只需要两个 IP 地址，因此继续划分得到的第三个子网（分配给分部 A 和分部 B 后剩下的子网）＿＿＿＿＿＿＿＿＿＿，子网掩码是＿＿＿＿＿＿＿＿＿，继续进行子网划分。再利用公式 $2^n-2\geq2$，得出主机位数为＿＿＿位，继续应用子网划分方法，划分的另一个新的第一个子网＿＿＿＿＿＿＿＿＿，子网掩码是＿＿＿＿＿＿＿＿＿，分配给路由器 Z 与路由器 A 连接的网络。划分的新的第二个子网＿＿＿＿＿＿＿＿＿＿＿＿，子网掩码是＿＿＿＿＿＿＿＿＿，分配给路由器 Z 与路由器 B 连接的网络。

通过使用可变长子网掩码，某公司的网络 IP 地址分配表如表 10-4 所示。

表 10-4　IP 地址分配表

部门	端口	IP 地址	子网掩码	网络地址和广播地址	IP 地址范围	网关
公司总部	PC1 网卡					
	PC2 网卡					
	…	…	…			…
	PC110 网卡					
	路由器 Z 的 G0/0					—
公司分部 A	PC1 网卡					
	PC2 网卡					
	…	…	…			…
	PC30 网卡					
	路由器 A 的 G0/0					—
公司分部 B	PC1 网卡					
	PC2 网卡					
	…	…	…			…
	PC25 网卡					
	路由器 B 的 G0/0					—
路由器 Z 和路由器 A 之间网络	路由器 ZS0/3/0					—
	路由器 A 的 S0/3/0					—
路由器 Z 和路由器 B 之间网络	路由器 Z 的 S0/3/1					—
	路由器 B 的 S0/3/0					—

1）按照表 10-4 所填写的内容，配置各部门的 IP 地址和子网掩码。

有关路由器端口 IP 地址的配置，请参照后续实验项目"路由器基本配置"和"静态路由配置"。例如，路由器 Z 的 G0/0 端口需要配置 IP 地址，且须与总部局域网处于同一个网络（或子网）中。局域网中的各台计算机需要将网关配置为路由器 G0/0 端口的 IP 地址。

（1）G0/0 是以太网端口，配置 IP 地址的命令如下：

```
Router(config)#interface GigabitEthernet 0/0
Router(config-if)#ip address 210.31.208.1 255.255.255.128
```

（2）S0/3/0 是串行端口，用于远距离通信，配置 IP 地址的命令如下：

```
Router(config)#interface serial 0/3/0
Router(config-if)#ip address 198.168.1.193 255.255.255.252
```

2）简单测试子网划分情况及 IP 地址配置是否正确。

（1）使用 ping 命令测试处于同一子网的计算机是否能够相互通信。任意选择同一部门的两台计算机进行测试，并记录测试结果。

（2）使用 ping 命令测试处于不同子网的计算机是否能够相互通信。任意选择处于不同部门的两台计算机进行测试，并记录测试结果。

【注意事项】

1）IP 地址和子网掩码配合使用，必须保证子网掩码的正确配置。

2）广播地址和网络地址不可作为计算机的 IP 地址。

【项目拓展】

如果要实现不同子网之间的数据通信，请考虑如何处理呢？

【实践评价】

班　级		学　号		姓　名				
实验地点		实验日期		成绩评定	A	B	C	D
实验目的								
实验过程记录								
实验结果描述								
总结体会 及注意事项								

⊗ 实验项目 11　路由器基本配置 ∞

【预备知识】

路由器（Router）是网络互联的关键设备，是互联网络的通信枢纽。路由器通过路由决定数据的转发，转发策略称为路由选择。路由器中转发数据包所依据的路由条目组成了路由表。路由表将决定数据包如何转发到目标网络。如果路由表中没有相应的转发条目，数据包将被转发到默认网关。如果没有默认网关，则数据包被丢弃。

路由器属于典型的三层网络设备，根据信道的情况自动选择和设定路由，以最佳路径收发数据。路由器的每个端口都可以配置一个 IP 地址，各个端口的 IP 地址必须属于不同的网络。

路由器的管理方式和交换机一样，分为带内管理和带外管理两种。通过路由器的 Console口管理路由器属于带外管理。第一次配置路由器，必须使用 Console 端口进行配置。

路由器的命令行模式一般包括 4 种：用户模式、特权模式、全局配置模式和接口配置模式。

（1）用户模式：进入路由器后看到的第一个操作界面，命令提示符为"Router>"。在用户模式下，可以运行一些简单的测试。

（2）特权模式：用户模式进入的下一个模式特权，模式命令提示符为"Router#"。特权模式下可以运行更多的命令，可以进行网络测试和调试等。

（3）全局配置模式：是特权模式的下一级模式，可以进行全局配置，如配置主机名。该模式下命令提示符为"Router(config)#"。

（4）接口配置模式：是全局配置模式的下一级模式，可以对路由器的各个端口进行详细配置，如 IP 地址、子网掩码等。该模式下命令提示符为"Router(config-if)#"。

路由器的 FastEthernet 端口和 GigabitEthernet 端口属于以太网端口。路由器还提供了 serial端口（适用于远距离传输），使用 V.35 线缆连接广域网链路。在广域网连接时一端为 DCE（数据电路设备），另一端为 DTE（数据终端设备）。要求必须在 DCE 端配置时钟频率（Clock Rate）以保证链路的连通。

【实验目的】

1）掌握路由器命令行各种操作模式及模式之间的切换。

2）掌握路由器的基本配置步骤和命令。

3）能够查看路由器当前配置信息和工作状态。

【背景描述】

某公司网络设备升级，新购入一台路由器，第一次需要通过 Console 口对路由器进行基本配置。同时，为了后续管理方便，开启路由器远程安全配置功能。

【实验设备】

1）Packet Tracer 模拟软件，路由器 1 台，计算机 2 台，Console 线缆 1 条。

2）网络拓扑结构如图 11-1 所示，IP 地址等信息如表 11-1 所示。

图 11-1　路由器基本配置网络拓扑图

表 11-1　IP 地址等信息表

端口	IP 地址	子网掩码	网关
PC1 网卡	192.168.1.100	255.255.255.0	192.168.1.1
PC2 网卡	192.168.2.100	255.255.255.0	192.168.2.1
路由器端口 G0/0	192.168.1.1	255.255.255.0	—
路由器端口 G0/1	192.168.2.1	255.255.255.0	—

【实验内容及步骤】

11.1　使用超级终端连接路由器

运行 Terminal（超级终端）程序和计算机建立连接，连接成功后即登录到路由器的配置界面。再根据不同路由器产品的配置命令（如华为、思科、H3C 等），对路由器进行配置及管理。与交换机基本配置类似，具体步骤如下。

1）按照图 11-1 所示的网络拓扑结构，将 Console 线的 RJ-45 接头端连接在交换机的 Console 口上，将 Console 线另一端的串行口连接到管理计算机 PC1 的 RS232 端口上。

2）在 PC 上双击，打开 PC1 终端配置界面，单击"Desktop"标签可切换到用户主机的图形化界面，如图 11-2 所示。

图 11-2　用户主机的图形化界面

3）单击"Terminal"图标，打开 PC 的模拟超级终端，如图 11-3 所示。保持默认参数配置即可，单击"OK"按钮，进入路由器命令行配置界面，如图 11-4 所示，用户首先进入对话模式的路由器配置，如果想退出对话模式，直接输入"no"后进入用户模式。这样用户即可通过 CLI 对路由器进行基本配置。

图 11-3 PC 的模拟超级终端

图 11-4 命令行配置界面（方式一）

4）实际上，为了方便进行命令行配置，可以直接在路由器上双击，转到"CLI"选项卡，进入路由器命令行配置界面如图 11-5 所示。其功能与图 11-4 所示命令行配置界面的功能完全一样，只是背景不同。

图 11-5 命令行配置界面（方式二）

11.2 路由器工作模式及基本命令

1）用户模式

```
Router>                                     !查看路由器信息，简单测试命令
```

2）特权模式

```
Router#                                      !可查看、管理路由器配置信息，测试、调试
```

```
命令：Router>enable                          !进入特权模式
```
3）配置模式

```
Router(config)#                              !配置路由器的参数
```

```
命令：Router#configure terminal              !进入全局配置模式
```
4）接口配置模式

```
Router(config-if)#                           !配置路由器的接口参数
```

```
命令：Router(config)#interface fastethernet 0/1
```
逐级退出时使用命令"exit"。用 end 命令可直接返回到特权模式。

5）路由器支持帮助、命令简写、命令自动补齐和快捷键等功能

在 IOS 操作中，无论任何状态和位置都可以键入"？"得到系统的帮助。支持命令简写，也可按下键盘上的 Tab 键补齐命令。路由器与交换机功能和操作类似，具体参见"实验项目8：交换机的基本配置"。

6）路由器命名

```
Router(config)#hostname RouterA
RouterA(config)#
```

7）配置端口 IP 地址及子网掩码

```
Router(config)#int f0/1
Router(config-if)#ip address 192.168.1.1 255.255.255.0
Router(config-if)#no shutdown
```

路由器端口默认是关闭的，需要使用 no shutdown 命令开启。

8）show 命令

```
Router#show version                          !查看版本及引导信息
Router#show running-config                   !查看当前运行设置
Router#show startup-config                   !查看开机设置
Router#show interface type slot/number       !显示端口信息
Router#show ip router                        !显示路由表信息
```

11.3 实验过程及测试

1）按照图 11-1 所示的网络拓扑结构完成组网。

2）按照表 11-1 所示的内容，配置计算机、路由器端口 IP 地址和子网掩码，命令如下：

```
Router(config)#hostname RouterA
RouterA(config)#interface g0/0
RouterA(config-if)#ip address 192.168.1.1 255.255.255.0
RouterA(config-if)#no shutdown
RouterA(config-if)#interface g0/1
RouterA(config-if)#ip address 192.168.2.1 255.255.255.0
RouterA(config-if)#no shutdown
```

3）使用 ping 命令测试 PC1 和 G0/0、PC1 和 PC2、G0/1 和 PC2 之间的连通性。记录测试结果：PC1 和 G0/0_____，PC1 和 PC2_____，G0/1 和 PC2_____。

4）在 RouterA 路由器上配置 Telnet 服务。配置步骤如下。

（1）使用命令"enable password *star*"（密码为"star"），配置特权模式密码，也可以使用加密密码设置命令"enable secret *star*"。

（2）使用命令"line vty 0 4"，进入线程配置模式。

（3）使用命令"password *star*"（密码为"star"），配置 Telnet 密码，不设置密码无法使用 Telnet 登录。

（4）使用命令 login，使配置生效。

配置命令代码如下：

```
RouterA#configure terminal
RouterA(config)#enable password star
RouterA(config)#line vty 0 4
RouterA(config-line)#password star
RouterA(config-line)#login
```

（5）验证 Telnet。在计算机 PC2 上打开"Command Prompt"，进行 Telnet 登录。登录过程如图 11-6 所示。输入登录密码"*star*"并按下 Enter 键后，顺利进入路由器的用户模式。这里输入密码时并不会在屏幕上有任何提示，既不会显示明文，也不会显示"*"之类的其他字符，这是出于安全考虑。登录成功后，在 Telnet 客户端输入"enable"和设定的特权用户模式密码"star"，进入特权模式，就可以进行远程管理和配置路由器了。

（6）在 Telnet 客户端，运行 show running-config 命令，查看当前路由器配置信息。

图 11-6　Telnet 登录测试及远程配置

```
RouterA#show running-config
Building configuration...
Current configuration : 887 bytes
version 15.1
no service timestamps log datetime msec
no service timestamps debug datetime msec
no service password-encryption
hostname RouterA
enable password star
no ip cef
no ipv6 cef
license udi pid CISCO2911/K9 sn FTX1524PHZ0-
spanning-tree mode pvst
interface GigabitEthernet0/0
ip address 192.168.1.1 255.255.255.0
duplex auto
```

```
speed auto
interface GigabitEthernet0/1
ip address 192.168.2.1 255.255.255.0
duplex auto
speed auto
interface GigabitEthernet0/2
no ip address
duplex auto
speed auto
interface Serial0/3/0
no ip address
clock rate 2000000
shutdown
interface Serial0/3/1
no ip address
clock rate 2000000
shutdown
interface Vlan1
no ip address
shutdown
ip classless
ip flow-export version 9
ne con 0
line aux 0
line vty 0 4
password star
login
end
```

【注意事项】

1）路由器所连网络端口必须配置 IP 地址。

2）路由器需要连接两个或两个以上的不同网络，因此同一路由器上的各端口 IP 地址的网络地址不能相同。

3）相邻两个路由器的连接端口 IP 地址的网络号必须相同。

4）路由器连接的局域网的端口的 IP 地址，一般是该局域网中计算机的网关地址。

【项目拓展】

按图 11-7 所示的网络拓扑结构进行组网连接，设置对应端口的网络参数，配置路由器 RA 和路由器 RB，路由器 RB 提供 Telnet 服务，并进行连通性测试。请注意这里使用的是串口（S0/0/1），需要在 DCE 端配置时钟频率。

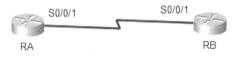

图 11-7　网络拓扑图

【实践评价】

班　级		学　　号		姓　名				
实验地点		实验日期		成绩评定	A	B	C	D
实验目的								
实验过程记录								
实验结果描述								
总结体会 及注意事项								

❧ 实验项目 12　静态路由配置 ❧

【预备知识】

路由器工作于 OSI 参考模型的网络层，能够根据 IP 数据报首部的信息选择一条最佳路径，将数据包转发出去，实现不同网络之间的通信。路由表中的路由信息是如何产生的呢？它是通过路由协议创建的。路由协议就是在路由指导 IP 数据报转发过程中事先约定好的规定和标准。它通过路由器之间共享路由信息来创建路由表。路由器运用路由协议，执行路由选择和数据包转发工作。

根据路由器学习路由信息、生成并维护路由表的方法进行分类，可以分为直连路由（Direct）、静态路由（Static）和动态路由（Dynamic）。

（1）直连路由。路由器端口所连接的子网的路由方式称为直连路由。

（2）静态路由。静态路由是由网络管理员手动添加到路由器上的路由信息，它不能自动适应网络拓扑结构的变化，一旦出现故障，数据包就不能传送到目标地址目标地址。静态路由简单，开销较小，但不能及时适应网络状态的变化。

（3）动态路由。动态路由协议是由路由器之间通过交换路由信息，负责建立、维护动态路由表，并计算最佳路径。因此，能较好地适应网络状态的变化，适用于较大规模的网络。相比静态路由，动态路由大大减少了网络管理的工作量，网络管理员只需配置动态路由协议即可。常见的动态路由协议有路由信息协议（RIP，Routing Information Protocol）和开放式最短路径优先（OSPF，Open Shortest Path First）等。

静态路由需要网络管理员在路由器上手动配置。在配置静态路由时，需要说明目标网络地址和下一跳。在全局配置模式下，配置静态路由的命令格式如下：

Router(config)#ip route *destination-network network-mask* [*next-hop-address | interface*]

其中，destination-network 表示目标网络号或目标子网号。network-mask 表示目标网络的子网掩码。next-hop-address 表示下一跳 IP 地址。Interface 表示将数据包转发到目标网络时，所使用的本地路由的端口 S0，用端口形式表示。只能从 next-hop-address 或 interface 中选择其中一个。

默认路由是一种特殊的静态路由，简单来说，默认路由就是没有找到匹配的路由表条目时才使用的路由。在路由表中，默认路由以到网络 0.0.0.0（子网掩码为 0.0.0.0）的路由形式出现。如果数据包的目标地址目标地址不能与路由表中的任何路由条目相匹配，那么，该数据包将选取默认路由。如果没有默认路由且数据包的目标地址目标地址不在路由表中，则丢弃该数据包。

【实验目的】

1）理解路由表的组成。

2）掌握静态路由的配置方法。

3）能够灵活应用静态路由或默认路由实现不同网络间的通信。

4）能够分析和排除简单的网络故障。

【背景描述】

假设某公司有总部和两个分部，为了实现相互通信使用路由器互联网络。请网络管理员为路由器设置必要的静态路由，实现公司内部网络互联互通。

【实验设备】

1）Packet Tracer 模拟软件，路由器 1 台，计算机若干台。

2）网络拓扑结构如图 12-1 所示，IP 地址等信息如表 12-1 所示。

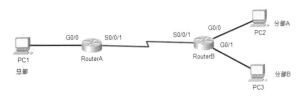

图 12-1　网络拓扑图

表 12-1　IP 地址等信息表

端口	IP 地址	子网掩码	网关
PC1 网卡	192.168.1.2	255.255.255.0	192.168.1.1
PC2 网卡	192.168.2.2	255.255.255.0	192.168.2.1
PC3 网卡	192.168.3.2	255.255.255.0	192.168.3.1
RouterA 端口 G0/0	192.168.1.1	255.255.255.0	—
RouterA 端口 S0/0/1	172.16.1.1	255.255.255.252	—
RouterB 端口 S0/0/1	172.16.1.2	255.255.255.252	—
RouterB 端口 G0/0	192.168.2.1	255.255.255.0	—
RouterB 端口 G0/1	192.168.3.1	255.255.255.0	—

【实验内容及步骤】

12.1　路由器基本配置

1）按照图 12-1 所示的网络拓扑结构进行组网，并按照表 12-1 所示的内容，为 PC1、PC2 和 PC3 配置 IP 地址、子网掩码和网关。

2）路由器 RouterA 的配置

```
Router>enable
Router#configure terminal
Router(config)#hostname RouterA
RouterA(config)#interface s0/0/1
RouterA(config-if)#clock rate 9600      !设置串口的 DCE 端时钟频率
RouterA(config-if)#ip address 172.16.1.1 255.255.255.252
RouterA(config-if)#no shutdown
RouterA(config-if)#exit
RouterA(config)#int g0/0
RouterA(config-if)#ip address 192.168.1.1 255.255.255.0
RouterA(config-if)#no shut
```

3）路由器 RouterB 的配置，与路由器 RouterA 的配置方法基本一样，只是这里串口属于 DTE 端，不需要设置时钟频率。

```
Router#en
Router#conf t
Router(config)#hostname RouterB
RouterB(config)#int s0/0/1
```

```
RouterB(config-if)#ip addr 172.16.1.2 255.255.255.252
RouterB(config-if)#no shut
RouterB(config-if)#exit
RouterB(config)#int g0/0
RouterB(config-if)#ip addr 192.168.2.1 255.255.255.0
RouterB(config-if)#no shut
RouterB(config-if)#exit
RouterB(config)#int g0/1
RouterB(config-if)#ip addr 192.168.3.1 255.255.255.0
RouterB(config-if)#no shut
```

4）测试。使用 ping 命令测试 PC1、PC2 和 PC3 之间的连通性。记录测试结果：PC1 和 PC2＿＿＿＿＿＿＿，PC2 和 PC3＿＿＿＿＿＿＿，PC1 和 PC3＿＿＿＿＿＿＿，RouterA 和 RouterB＿＿＿＿＿。

5）查看路由表。在特权模式下，输入"show ip router"分别查看 RouterA 和 RouterB 路由表，如图 12-2 和图 12-3 所示。

如图 12-2 所示，发现只有直连路由（C）。也就是当去往 PC2 或 PC3 的数据包到达 PC1 的网关路由器 RouterA 后，RouterA 路由表中找不到去往目标网络 192.168.2.0/24 和 192.168.3.0/24 的路由条目，所以会丢弃该数据包，导致 PC1 无法 ping 通 PC2 或 PC3 所处的网络。

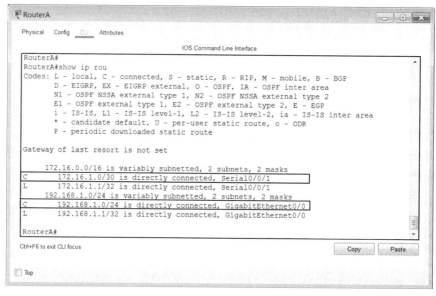

图 12-2　路由器 RouterA 路由表

如图 12-3 所示，发现只有直连路由（C）。也就是当去往 PC1 的数据包到达 PC2 或 PC3 的网关路由器 RouterB 后，RouterB 路由表中找不到去往目标网络 192.168.1.0/24 的路由条目，所以会丢弃该数据包，导致 PC2 或 PC3 无法 ping 通 PC1 所处的网络。路由条目中有去往目标网络 192.168.2.0/24、192.168.3.0/24 和 172.16.1.0/30 的路由条目，因此可以转发数据，则 PC2 可以 ping 通 PC3。

要解决上述问题，需要配置静态路由协议或动态路由协议才可以实现它们之间的通信。下面以静态路由配置为例进行说明。

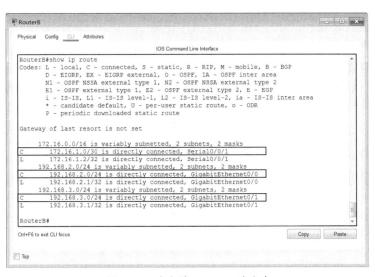

图 12-3　路由器 RouterB 路由表

12.2　静态路由配置

1）RouterA 配置到 192.168.3.0/24 网络的静态路由，命令如下：
```
RouterB(config)#ip route 192.168.2.0 255.255.255.0 172.16.1.2
RouterA(config)#ip route 192.168.3.0 255.255.255.0 172.16.1.2
```
2）RouterB 配置到 192.168.1.0/24 网络和 192.168.2.0/24 网络的静态路由，命令如下：
```
RouterB(config)#ip route 192.168.1.0 255.255.255.0 172.16.1.1
```
3）测试。使用 ping 命令测试 PC1、PC2 和 PC3 之间的连通性。记录测试结果：PC1 和 PC2＿＿＿＿＿＿，PC2 和 PC3＿＿＿＿＿＿，PC1 和 PC3＿＿＿＿＿＿。

4）查看路由表。在特权模式下，输入"show ip router"分别查看 RouterA 和 RouterB 路由表，如图 12-4 和图 12-5 所示。

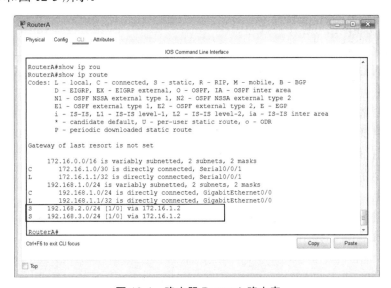

图 12-4　路由器 RouterA 路由表

如图 12-4 所示，发现除了直连路由（C）外，还有两条静态路由（S），分别如下：

```
S    192.168.2.0/24 [1/0] via 172.16.1.2
S    192.168.3.0/24 [1/0] via 172.16.1.2
```

说明当去往 PC2 或 PC3 的数据包到达 PC1 的网关路由器 RouterA 后，RouterA 路由表中查找到了去往目标网络 192.168.2.0/24 和 192.168.3.0/24 的路由条目，下一跳转发 IP 地址为172.16.1.2，这样就会转发该数据包，实现网络互联及数据通信。

如图 12-5 所示，发现除了直连路由（C）外，还有一条静态路由（S），即：

```
S    192.168.1.0/24 [1/0] via 172.16.1.1
```

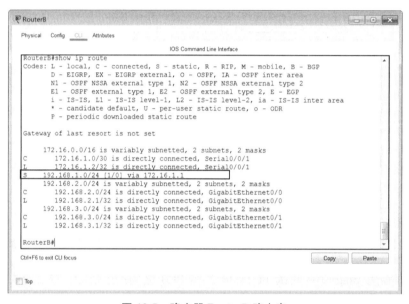

图 12-5　路由器 RouterB 路由表

说明当去往 PC1 的数据包到达 PC2 或 PC3 的网关路由器 RouterB 后，RouterB 路由表中查找到了去往目标网络 192.168.1.0/24 的路由条目，下一跳转发 IP 地址为 172.16.1.1，这样就会转发该数据包，实现网络互联及数据通信。

PC1、PC2 与 PC3 虽然处于不同的网络，设置了不同网络地址，只要正确配置了静态路由，并且在终端 PC 上设置了正确的网关，是可以实现相互通信的。

【注意事项】

1）如果两台路由器通过串口直接互连，则必须在其中一端设置时针频率（即 DCE 端）。

2）如果按照步骤配置后仍然不通，需要逐步排除故障，首先检查各个端口的 IP 地址、子网掩码和网关配置是否正确，接着检查端口是否被激活，然后再检查路由表信息是否正确，通过 ping 命令分段测试其连通性，直到最终解决网络故障。

【项目拓展】

默认路由是特殊的静态路由，请问在本实验中网络拓扑是否可以通过配置默认路由，达到预期效果，请进行配置和验证。

【实践评价】

班　　级		学　号		姓　名				
实验地点		实验日期		成绩评定	A	B	C	D
实验目的								
实验过程记录								
实验结果描述								
总结体会及注意事项								

单元 3 用网和管网技能操作

◌ 实验项目 13 文件共享和用户管理 ◌

【预备知识】

文件服务器是指在计算机网络中，可以被多个网络用户访问的网络文件存储设备，是一种专供其他客户端通过网络存取各种文件的服务器。文件服务器还可以实现文件共享功能。一个用户上传的文件，其他用户只要有相应的权限都可以访问。文件服务器采用的是典型的 C/S 模式，需要专门的服务器软件和客户端软件。一般的主流操作系统都内置了文件服务器的客户端。

广义上，凡是可以提供网络文件存储的服务器都可以称为文件服务器，如 NFS 服务器、FTP 服务器、Samba 服务器等。本实验的是基于 Windows Server 2012 文件共享功能的文件服务器，和 Linux Samba 服务器一样都采用 SMB 协议。

Windows 系统的用户组是用户的集合，也是一组权限的集合。可以通过把用户加入组的方式来一次性为用户授予一组权限。一个用户可以同时隶属于多个组，这样该用户的权限就是这些组权限的并集。Windows 系统内置的系统管理员为 Administrator，内置的管理员组为 Administrators。管理员组的用户都具有管理员权限，如果想让某用户成为管理员，只需要把这个用户加入管理员组即可。

常见的 Windows 用户组有以下几个。

（1）Users 组

Users 组即普通用户组，权限较低，因此 Users 组对系统来讲是比较安全的组，分配给该组的默认权限不允许成员修改操作系统的设置或用户资料，也没有关闭服务器的权限。

（2）Power Users 组

Power Users 组即高级用户组，该组用户可以执行除了为 Administrators 组保留的任务外的其他任何操作系统任务。该组用户可以修改计算机的设置。这个组的权限级别仅次于 Administrators 组。

（3）Administrators 组

Administrators 组即管理员组，该组中的用户对计算机有不受限制的完全访问权。分配给该组的默认权限允许对整个系统进行完全控制。默认情况下该组用户只有 Administrator 1 个成员，当然也可以把自己创建的任何用户加入该组。

（4）Guests 组

Guests 组即来宾组，该组跟 Users 普通用户组拥有同等的系统访问权，但来宾账户的限制更多，权限级别更低。

（5）Everyone

Everyone 即所有的用户，计算机上的所有用户都属于这个组。可以在文件权限设置里增加 Everyone 组的访问授权，这样所有的用户都具有了访问权限。

（6）SYSTEM 组

SYSTEM 组拥有和 Administrators 管理员组一样，甚至更高的权限，在查看用户组的时候它不会被显示出来，也不允许任何用户加入。这个组主要保证系统服务的正常运行，赋予系统服务运行所需的必要权限。

【实验目的】

1）理解文件服务器的功能、作用。

2）掌握文件服务器的配置方法。

3）掌握文件共享权限的管理方法。

4）掌握用户和组的创建和管理方法。

【背景描述】

假设某公司组建了公司网络，并把内部网络规划为 172.16.16.0/24。服务器采用 Windows Server 2012，普通计算机使用 Windows 10 操作系统。网络 IP 地址规划如表 13-1 所示。

表 13-1　网络 IP 地址规划

计算机	IP 地址及掩码	功能
文件服务器	172.16.16.1/24	为局域网用户提供文件集中共享存储
客户端	172.16.16.0/24	文件服务器服务对象

出于公司的业务需求，公司的文件服务器需要为每个用户单独分配一块存储空间，每个人只能完全控制自己的文件。所有人都可以读取公用文件。出于管理目的，Windows Server 2012 系统管理员可以访问所有文件。在 Windows Server 2012 D 盘下创建了一系列文件夹，文件服务器目录结构如图 13-1 所示。

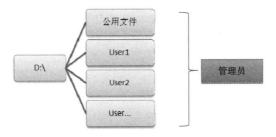

图 13-1　文件服务器目录结构

【实验设备】

1）VMware 虚拟机软件，两台虚拟机，分别安装 Windows Server 2012 和 Windows 10 操作系统。两台虚拟机网卡模式都配置为 NAT 模式。

2）Windows 10 系统的虚拟机代表了该企业内部文件服务器客户端，IP 地址规划如表 13-2 所示。

表 13-2　Windows 10 IP 地址规划

参数项	参数值
IP 地址	172.16.16.210
子网掩码	255.255.255.0

3）实验网络拓扑结构如图 13-2 所示。

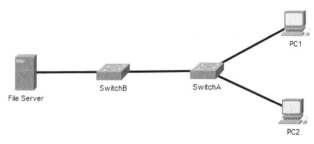

图 13-2　网络拓扑图

【实验内容及步骤】

13.1　配置服务器的基础网络参数

1）配置两台虚拟机的网络模式为 NAT 模式。这样两台虚拟机就能位于同一个虚拟网络中，可进行直接通信。

（1）在 VMware 主界面上选择 Windows Server 2012 虚拟机。

（2）依次选择 VMware 工具栏中的"虚拟机"→"设置"，打开"虚拟机设置"对话框。

（3）如图 13-3 所示，单击窗口左侧的"网络适配器"选项，在右侧选择"NAT"模式。

图 13-3　网卡模式设置

（4）对 Windows 10 系统重复步骤（1）到（3）完成网卡模式设置。

2）修改 DNS 服务器 IP 地址和子网掩码。

依次选择 Windows Server 2012 中的"开始"菜单→"控制面板"→"网络和 Internet"，打开"网络和 Internet"对话框，选择"查看网络状态和任务"选项，打开"网络和共享中心"对话框。选择左侧"更改适配器设置"选项，打开"网络连接"对话框。

右键单击"Ethernet0"图标，在弹出的快捷菜单中选择"属性"选项，打开属性对话框。选择对话框中的"Internet 协议版本 4（ICP/IPv4）"项目，并单击"属性"按钮，打开"Internet 协议版本 4（TCP/IPv4）属性"对话框。网络参数按照图 13-4（a）所示的内容进行配置。

3）修改客户端 Windows 10 系统的 IP 地址，如图 13-4（b）所示。

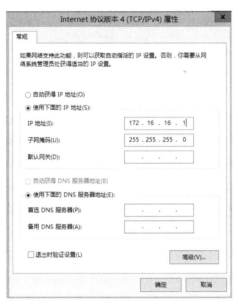

（a）服务器 IP 地址配置　　　　　　　　　　　（b）客户端 IP 地址配置

图 13-4　IP 地址配置

13.2　添加文件服务器角色

1）单击"开始"按钮，选择"服务器管理器"选项，打开如图 13-5 所示的"服务器管理器"窗口。

2）选项"添加角色和功能"选项，打开"添加角色和功能向导"窗口，如图 13-6 所示，连续 3 次单击 "下一步"按钮，进入"服务器角色"选择界面。

3）勾选"文件服务器"和"文件服务器资源管理器"复选项，在打开的对话框中直接单击"添加功能"按钮。

4）按向导提示，连续两次单击"下一步"按钮，最后单击"安装"按钮，等待文件服务器安装完成。

5）出现图 13-7 所示提示窗口后表示安装成功，单击"关闭"按钮，完成安装。

图 13-5 "服务器管理器"窗口

图 13-6 "添加角色和功能向导"对话框

图 13-7 文件服务器角色安装完成

13.3　添加用户和组

添加一个员工用户组 cdpc，企业所有员工都属于该组。再创建员工账号 user1 和 user2，并把该用户放进员工用户组 cdpc 中。额外添加一个管理员 admin。将 user1 和 user2 用户密码设置为"123"，admin 密码设置为"000000"。

1）新建 cdpc 员工用户组

（1）启动"计算机管理"窗口。

依次选择"开始"菜单→"管理工具"，在打开的窗口中双击"计算机管理"图标，启动"计算机管理"窗口，如图 13-8 所示。

图 13-8　"计算机管理"窗口

（2）展开左侧窗格"本地用户和组"窗格。

（3）鼠标右键单击"组"节点，在弹出的快捷菜单中选择"新建组"命令。

（4）在打开的"新建组"对话框中输入如图 13-9 所示的信息，成员留空，等到后面步骤再添加。

（5）单击"创建"按钮后关闭对话框。

2）新建用户

（1）在如图 13-8 所示的"计算机管理"窗口中，右键单击"用户"节点，在弹出的快捷菜单中选择"新用户"命令。

（2）在打开的"新用户"对话框中输入"user1"用户信息，如图 13-10 所示。并在"密码"文本框中输入自己设置的密码，请记录密码_____。

（3）单击"创建"按钮后，重复上一步完成"user2"和"admin"用户的创建，创建完成后的用户管理界面如图 13-11 所示。请记录 user2 密码是_____，admin 密码是_____。

3）修改用户所属的组

双击图 13-11 所示界面中的"user1"用户，打开"user1 属性"对话框，如图 13-12 所示。切换到"隶属于"选项卡，删除原来的"users"组，如图 13-13 所示。

图 13-9 "新建组"对话框

图 13-10 创建新用户

图 13-11 用户管理界面

图 13-12 "user1 用户属性"对话框

图 13-13 修改 user1 用户所属的组

单击窗口左下角的"添加"按钮，打开如图 13-14 所示的对话框，进行组添加。在下方"输入对象名称来选择"文本框中直接输入组名"cdpc"。

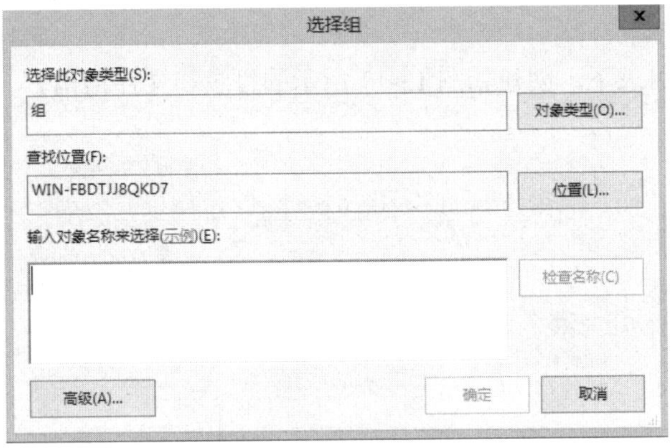

图 13-14　选择组

注意：如想了解组的细节，可单击"高级"按钮后，再单击"立即查找"按钮进行查找，如图 13-15 所示。

在搜索结果中选择上面步骤中创建的组"cdpc"，单击"确定"按钮，返回如图 13-16 所示的对话框，然后单击"确定"按钮返回 user1 用户属性对话框，再次单击"确定"按钮完成 user1 用户的隶属组修改。

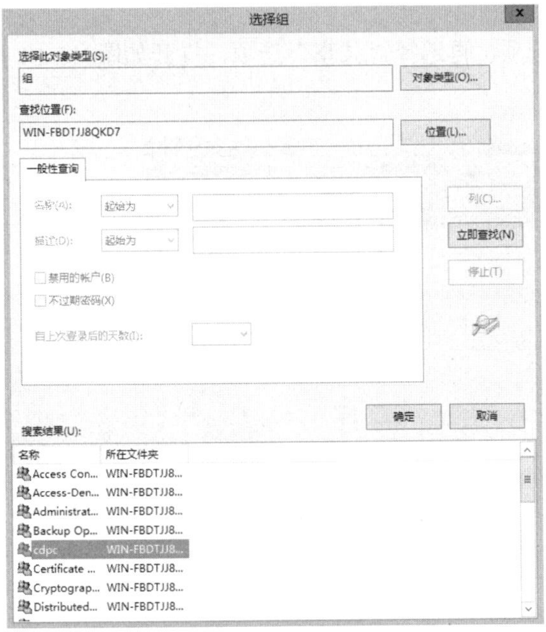

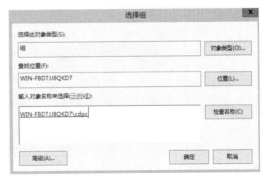

图 13-15　组选择和查找　　　　　图 13-16　"选择组"对话框

重复上面的步骤，将"user2"用户也放入"cdpc"组，将"admin"用户放入"administrators"管理员组。

13.4 创建目录结构并设置共享属性

1）创建目录结构

在服务器 D 盘根目录下，创建如图 13-17 所示的目录和文件结构。

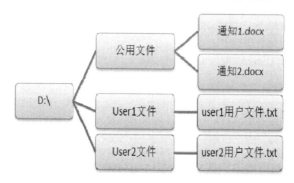

图 13-17 服务器目录和文件结构

cdpc 组用户可以读取"公用文件"目录。user1 用户可以读写"user1 文件"目录，user2 用户可以读写"user2 文件"目录。admin 用户可以读写所有目录。

2）设置"user1 文件"的共享属性，并设置访问规则

在文件服务器中添加"user1 文件"目录的共享，并设置访问规则。

（1）打开如图 13-5 所示的"服务器管理器"窗口。

（2）选择窗口左侧的"文件和存储服务"选项，再选择"共享"选项，打开如图 13-18 所示的共享文件管理窗口。

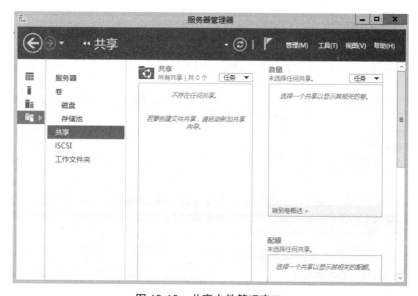

图 13-18 共享文件管理窗口

（3）单击如图 13-18 所示的窗口中间"共享"窗格中的"任务"列表框，在下拉列表中选择"新建共享…"选项，打开"新建共享向导"对话框，如图 13-19 所示。

图 13-19 "新建共享向导"对话框

（4）在向导中首先选择共享类型。NFS 共享通常用于 UNIX、Linux 操作系统，因为本企业员工计算机采用 Windows 10 操作系统，故这里选择"SMB 共享-高级"选项。

（5）单击"下一步"按钮后，进入"选择服务器和此共享的路径"窗口，如图 13-20 所示，选中窗口下方的"键入自定义路径"单选项，单击右边的"浏览"按钮选择要共享的目录"user1 文件"，并单击"选择文件夹"按钮，如图 13-21 所示。

（6）单击"下一步"按钮，共享名称使用默认设置。

图 13-20 "选择服务器和此共享的路径"窗口

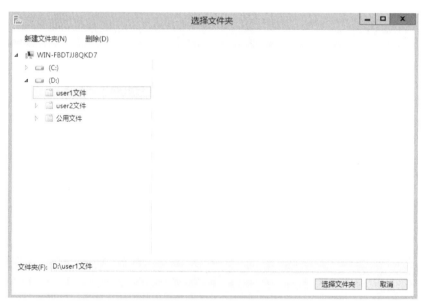

图 13-21　选择文件夹

（7）单击 2 次"下一步"按钮，打开"指定控制访问的权限"窗口，如图 13-22 所示。

图 13-22　"指定控制访问的权限"窗口

（8）单击"自定义权限"按钮，打开如图 13-23 所示的"user1 文件的高级安全设置"窗口。从中可以看出 Administrators 管理员组已具备完全访问权限，这意味着隶属于 Administrators 组的 admin 用户已具备读写权限。

（9）单击图 13-23 所示窗口左下角的"禁用继承"按钮，在打开的窗口中勾选"将已继承的权限转换为该对象的显式权限"复选项。

（10）分别单击图 13-23 所示窗口中"权限"选项卡后面与 Users 组相关的两项，然后单击"删除"按钮，删除其授权条目，如图 13-24 所示。

图 13-23　"user1 文件的高级安全设置"窗口

图 13-24　禁用继承并删除 Users 组权限

（11）单击图 13-24 所示窗口左下角的"添加"按钮，打开"user1 文件的权限项目"窗口。如图 13-25 所示在窗口中选择"选择主体"选项，在打开的"选择用户或组"窗口中查找并选择"user1"用户，赋予 user1 用户完全访问权限。单击"确定"按钮，返回"user1 文件的高级安全设置"窗口，如图 13-26 所示。

（12）客户端是否可以访问共享文件取决于两个权限的交集：文件权限和共享权限，文件权限设置已完成，下面设置其"共享权限"。

（13）单击图 13-26 所示窗口中的"共享"选项卡。删除 Everyone 组的访问权限。然后单击窗口左下角的"添加"按钮，按照上面步骤（11）的方法，添加 Administrators 组和 user1 用户为"完全控制"访问，即可读可写。共享权限设置后的窗口界面如图 13-27 所示。

（14）单击"确定"按钮返回"新建共享向导"窗口中的"指定控制访问的权限"设置窗口，如图 13-28 所示。

图 13-25　赋予 user1 用户完全访问权限

图 13-26　"user1 文件的高级安全设置"窗口

图 13-27　修改共享权限

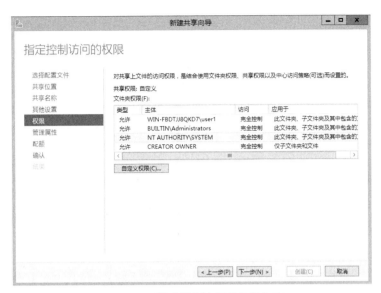

图 13-28　"指定控制访问的权限"窗口

（15）单击两次"下一步"按钮，并选择"配额"选项，其中。配额管理可以限制用户所占用的服务器存储空间的大小。这一步根据配额模板进行配额选择。如果默认模板都不能满足要求，可以在"将配额应用到文件夹或卷"窗口中新建自定义配额模板。这里直接选择"100MB 限制"选项，如图 13-29 所示，表示这个文件夹最多只能存储 100MB 的文件。

图 13-29　配额模板选择

（16）单击"下一步"按钮后，再单击"创建"按钮，然后单击"关闭"按钮，完成"user1 文件"共享文件夹的创建，如图 13-30 所示。

3）设置"user2 文件"共享，并设置访问规则

添加"user2 文件"目录的共享，并设置访问规则。

参照步骤 2）完成"user2 文件"的共享设置，只允许"Administrators"组和"user2"用户完全控制可读可写。

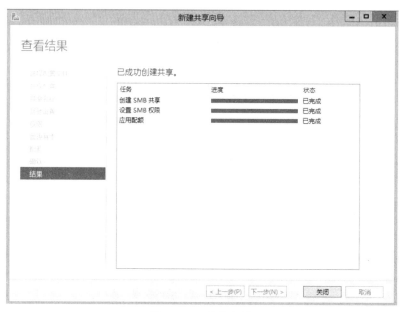

图 13-30　共享完成

4）设置"公用文件"目录的共享，并设置访问规则

参照步骤 2）完成"公用文件"的共享设置。"公用文件"只允许"Administrators"组用户读写，cdpc 组用户只读。cdpc 组的文件权限设置如图 13-31 所示。

图 13-31　cdpc 组的文件权限设置

cdpc 组的共享权限设置如图 13-32 所示。

"公用文件"的共享属性中不设置配额。

5）共享目录设置后的"共享"窗口显示如图 13-33 所示。

图 13-32　cdpc 组的共享权限设置

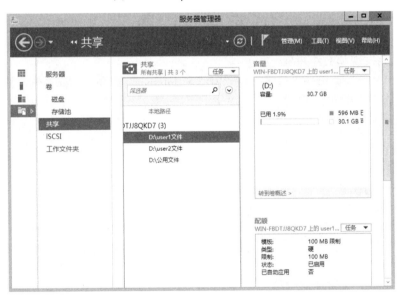

图 13-33　"共享"窗口

13.5　关闭防火墙

为了实验更简单，这里关闭 Windows Server 2012 的防火墙（也可以通过配置防火墙访问策略实现它们之间的通信），操作步骤如下：

1）在控制面板中打开"网络和共享中心"窗口。

2）选择窗口左下角"Windows 防火墙"选项。

3）选择窗口左侧"启用或关闭 Windows 防火墙"选项。

4）如图 13-34 所示，选中"关闭 Windows 防火墙"单选项，关闭防火墙。

图 13-34　关闭 Windows 防火墙

13.6　Windows 10 客户端设置

1）启用网络发现和文件共享

依次选择"开始"菜单→"设置"→"网络和 Internet"命令。选择右侧窗格中的"网络和共享中心"选项，打开"网络和共享中心"窗口。

选择窗口左上角的"更改高级共享设置"选项，打开"高级共享设置"窗口，在"专用"选项组和"来宾或公用"选项组中都选中"启用网络发现"和"启用文件和打印机共享"单选项，如图 13-35 所示。

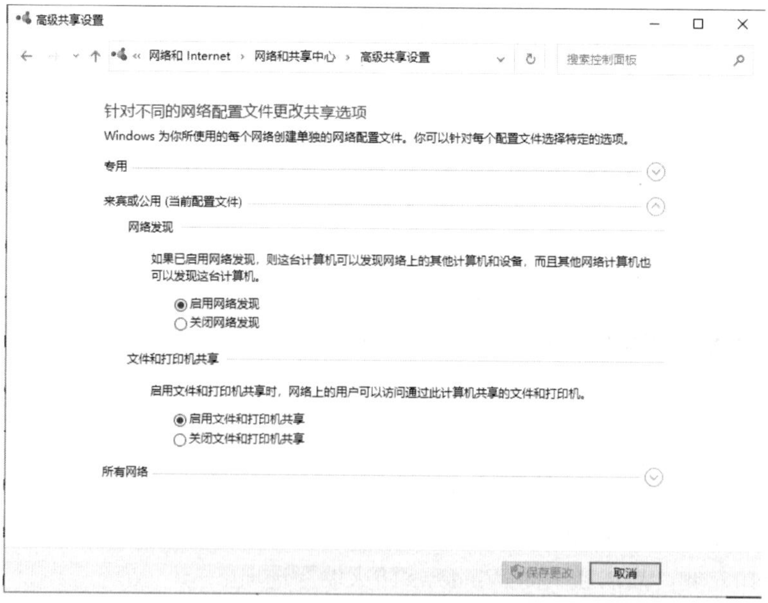

图 13-35　Windows 10 启用网络发现和文件共享

2）创建用户 user1、user2 和 admin

依次选择"开始"菜单→"设置"命令，打开"设置"窗口。单击"账户"图标，单击左侧窗格的"其他用户"，"其他用户"管理窗口如图 13-36 所示。

单击右面窗格中的"+"图标，打开"用户和组管理"窗口，添加用户 user1、user2 和 admin，并将其都加入管理员组。

图 13-36 "其他用户"管理窗口

13.7 文件服务器访问测试

1）以 user1 用户身份登录进行访问测试

Windows 10 客户端使用 user1 用户访问文件服务器进行测试。

（1）Windows 10 客户端切换到 user1 用户进行登录，等待几分钟，待出现桌面后执行下面步骤。

（2）启动资源管理器。

（3）在资源管理器窗口中访问共享文件的方法有以下 3 种：

● 直接选择窗口左下角的"网络"选项，然后找到 Windows Server 2012 的计算机名，双击进入；

● 在地址栏中输入"\\计算机名"；

● 在地址栏中输入"\\服务器 IP 地址"。

这里使用快捷的第三种方式，在资源管理器的任务栏中直接输入"\\172.16.16.1"并按 Enter 键。资源管理器窗口显示界面如图 13-37 所示。

（4）双击进入"user1 文件"文件夹，并新建一个文件夹测试其可读可写性。顺利进入并成功创建了文件夹，界面如图 13-38 所示。这说明 user1 用户对"user1 文件"文件夹具有完全访问权限。

（5）返回上一层后，双击"公用文件"测试 user1 用户对其的可读可写性。如图 13-39 所示，user1 用户可以进入并读取"公用文件"内容，但是试图执行新建文件夹这种写操作时，被服务器拒绝。说明"公用文件"目录对"user1"用户是可读不可写的。

计算机网络基础与应用（实验指南）

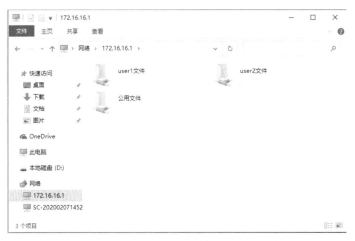

图 13-37　以 user1 用户的身份登录文件服务器

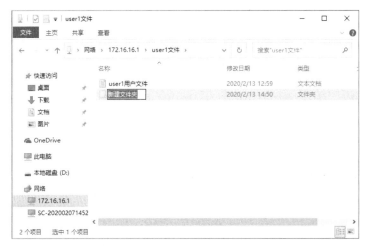

图 13-38　测试 user1 用户对"user1 文件"目录的可读可写性

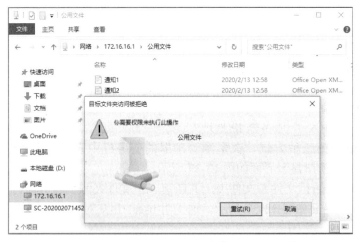

图 13-39　测试 user1 用户对"公用文件"目录的可读可写性

（6）返回上一层，继续测试 user1 用户对"user2 文件"目录的可读可写性。直接双击"user2 文件"目录，这时系统出现如图 13-40 所示的对话框。

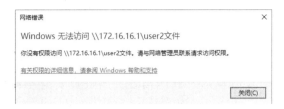

图 13-40 "user2 文件"目录拒绝了 user1 用户的访问

2）admin 用户登录访问测试

Windows 10 客户端系统使用 admin 用户登录，进行文件服务器访问测试。

（1）Windows 10 客户端切换为 admin 用户登录。

（2）用资源管理器访问 Windows Server 2012。

（3）进入"公用文件"目录，新建一个文件进行写操作测试，如图 13-41 所示，admin 可以读写"公用文件"目录。

图 13-41　通过 admin 用户访问文件服务器对"公用文件"目录进行写测试

（4）进入"user1 文件"目录，新建一个文件进行写操作测试，admin 可以读写"user1 文件"目录。

【注意事项】

1）如果无法连接 Windows Server 2012，需要用 ping 命令探测客户端到文件服务器是否可以通信。如果无法通信需要从以下 3 个方面着手排除故障。

（1）检查服务器和客户端的 IP 地址设置是否正确。

（2）检查服务器和客户端虚拟机的网卡是不是都接入了 NAT 模式网络。

（3）检查 Windows Server 2012 的防火墙是否已经关闭。

2）如果可以连接，但是访问权限测试不正确，需要查看目录的文件权限和共享权限是不是都进行了设置，用户最终访问权限取决于两组权限的交集。

3）Windows 10 客户端操作系统中 3 个用户的密码设置最好和 Windows Server 2012 中对应的用户密码保持一致，这样在访问 Windows Server 2012 时可以直接访问，否则服务器会要求客户端输入用户的密码，这时需要输入的是服务器为该用户设置的密码而不是本地系统的密码。

4）默认情况下，Windows Server 2012 的账户安全控制不允许管理员组非 Administrator 用户远程访问本机共享文件。要解决这个问题需要关闭账户安全控制的远程访问限制，方法如下：

（1）在 Windows Server 2012 中运行"regedit.exe"注册表编辑器。

（2）找到"HKEY_LOCAL_MACHINE\SOFTWARE\Microsoft\Windows\CurrentVersion\Policies\System"项，查看是否存在"LocalAccountTokenFilterPolicy"键。如果存在，双击把它的键值改为"1"。

（3）如果上面的键不存在，则创建 DWORD 类型的键，名字为"LocalAccountTokenFilterPolicy"，值为"1"。

（4）关闭注册表编辑器。

【项目拓展】

阅读相关资料，完成 NFS 服务器的配置，并共享一个目录。客户端采用 Linux 系统，通过远程文件系统的方式挂载该共享目录。最后进行读写测试。

【实践评价】

班　级			学　号			姓　名				
实验地点			实验日期			成绩评定	A	B	C	D
实验目的										
实验过程记录										
实验结果描述										
总结体会 及注意事项										

⊗ 实验项目 14　DNS 服务器配置 ⊗

【预备知识】

域名系统（DNS，Domain Name System）是 Internet 和 TCP/IP 网络中用于提供名字登记和名字到 IP 地址转换的一组协议和服务。DNS 服务消除了用户记忆枯燥且抽象的 IP 地址的烦恼，通过分布式名字数据库系统，为管理大规模网络中的主机名和相关信息提供了一种稳健的方法。DNS 客户端向 DNS 服务器提出查询请求，DNS 服务器做出响应的过程称为域名解析。

1）正向解析与反向解析

每台 DNS 服务器只负责管理有限范围内的域名和 IP 地址的对应关系，这些特定的 DNS 域或 IP 地址段称作区域（Zone）。

根据地址解析的方向不同，当 DNS 客户端向 DNS 服务器提交域名查询 IP 地址时，DNS 服务器做出响应的过程称为正向解析。反之，如果 DNS 客户端向 DNS 服务器提交 IP 地址而查询域名时，DNS 服务器做出响应的过程则称为反向解析。

2）递归查询与迭代查询

根据 DNS 服务器对 DNS 客户端的不同响应方式，域名解析可分为两种类型：递归查询和迭代查询。

（1）递归查询：主机向本地域名服务器的查询一般都是采用递归查询。所谓的递归查询就是如果主机所询问的本地域名服务器不知道被查询域名的 IP 地址，那么本地域名服务器就以 DNS 客户的身份，向其他根域名服务器继续发出查询请求报文，直到本地域名服务器从其他域名服务器得到正确的解析结果，然后，本地域名服务器向 DNS 客户端发送查询结果。

（2）迭代查询：本地域名服务器向根域名服务器的查询通常是采用迭代查询。所谓的迭代查询就是由本地域名服务器循环向根域名服务器循环查询。当根域名服务器收到本地域名服务器的迭代查询请求报文时，要么给出所要查询的 IP 地址，要么告诉本地域名服务器："你下一步应当向哪一个域名服务器进行查询"。然后让本地域名服务器进行后续的查询。在实际使用中，可采用递归与迭代相结合的查询方式，主机一般向本地服务器查询都是采用递归查询，本地域名服务器再采用迭代查询的过程。

3）nslookup 命令

nslookup 命令用于查询域名和 IP 地址信息的解析情况。一般用于诊断本地主机 DNS 配置或远程 DNS 服务器解析功能是否正常。

【实验目的】

1）理解 DNS 域名系统的功能和作用。

2）理解 DNS 服务器的正向解析方式和反向解析方式。

3）掌握 DNS 服务器的常规配置方法及管理。

4）了解递归查询和迭代查询的工作方式。

【背景描述】

假设某公司内网网络规划为 172.16.16.0/24，该公司已经申请了域名 abc.com。现有多台各类服务器如表 14-1 所示。

表 14-1　公司服务器域名和 IP 地址配置

服务器类型	服务器名	服务器 IP 地址	功能
DNS 服务器	dns.abc.com	172.16.16.1/24	管理 abc.com 域，并为本地 DNS 客户端提供 DNS 域名解析
Web 服务器	www.abc.com	172.16.16.10/24	为外网提供 Web 服务

续表

服务器类型	服务器名	服务器 IP 地址	功能
Web 服务器	home.abc.com	172.16.16.10/24	为公司内网用户提供 Web 服务
FTP 服务器	ftp.abc.com	172.16.16.100/24	提供文件服务
邮件服务器	mail.abc.com	172.16.16.200/24	公司邮件服务器

【实验设备】

1）VMware 虚拟机软件，并添加好两台虚拟机，分别安装 Windows Server 2012 和 Windows 10 操作系统。两台虚拟机网卡模式都配置为 NAT 模式。

2）Windows 10 系统的虚拟机代表该企业内部 DNS 客户端，其 IP 地址规划如表 14-2 所示。

表 14-2　Windows 10 IP 地址规划

参数项	参数值
IP 地址	172.16.16.210
子网掩码	255.255.255.0
DNS 地址	172.16.16.1

3）实验网络拓扑结构如图 14-1 所示。

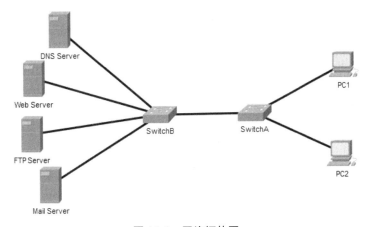

图 14-1　网络拓扑图

【实验内容及步骤】

14.1　配置服务器的基础网络参数

1）配置两台虚拟机的网络模式为 NAT 模式。这样两台虚拟机会位于同一个虚拟网络中，可进行直接通信。

（1）选择做 DNS 服务器的 Windows Server 2012 虚拟机。

（2）依次选择 VMware 工具栏中的"虚拟机"→"设置"，打开"虚拟机设置"对话框。

（3）如图 14-2 所示，选择左侧的"网络适配器"选项，右侧勾选"NAT 模式(N)：用于共享主机的 IP 地址"单选项。

（4）对 Windows 10 客户端虚拟机重复以上步骤完成设置。

图 14-2　网卡模式设置

2）设置 DNS 服务器的 IP 地址和子网掩码

选择 Windows Server 2012 的"开始"→"控制面板"→"网络和 Internet"，打开"网络和 Internet"对话框，选择"查看网络状态和任务"选项，打开"网络和共享中心"对话框。选择左侧的"更改适配器设置"选项弹出"网络连接"对话框。

右键单击"Ethernet0"图标，在弹出的菜单中选择"属性"选项，打开"属性"对话框。选择对话框上的"Internet 协议版本 4（TCP/IPv4）"选项，并单击"属性"按钮。服务器 IP 地址按图 14-3（a）所示的内容进行设置。

3）设置 Windows 10 客户端系统的 IP 地址，如图 14-3（b）所示。

（a）服务器 IP 地址设置

（b）客户端 IP 地址设置

图 14-3　IP 地址设置

14.2　添加 DNS 服务器

1）选择"开始"的"服务器管理器"选项，弹出如图 14-4 所示的"服务器管理器"窗口。

图 14-4　"服务器管理器"窗口

2）选择"添加角色和功能"选项，打开"添加角色和功能向导"对话框，单击 3 次"下一步"按钮，进入"服务器角色"选择界面。

3）勾选"DNS 服务器"复选框，在弹出的对话框中直接单击"添加功能"按钮。

4）按向导提示单击 3 次"下一步"按钮，最后单击"安装"按钮，等待 DNS 角色安装完成。

5）出现如图 14-5 所示的提示后表示安装成功，单击"关闭"按钮。

图 14-5　DNS 角色安装完成

14.3 配置 DNS 服务器

1）添加正向查找区域

（1）选择"开始"→"管理工具"，双击"DNS"图标，启动 DNS 服务器管理单元。

（2）展开左侧目录树，右键单击选择"正向查找区域"选项，在弹出的快捷菜单中选择"新建区域"选项，打开"新建区域向导"对话框。

（3）单击"下一步"按钮，区域类型界面选择"主要区域"，单击"下一步"按钮后，输入区域名称"abc.com"，如图 14-6 所示。

图 14-6 输入区域名称

（4）后面步骤全部按默认配置，完成向导。

2）添加主机记录（A）

（1）在 DNS 管理单元左侧目录树中展开"正向查找区域"选项，右击选择"abc.com"选项，并在弹出的快捷菜单中选择"新建主机"选项，如图 14-7 所示。

图 14-7 添加主机记录

（2）输入 DNS 主机记录信息如图 14-8 所示。

（3）单击"添加主机"按钮，完成时"dns.abc.com"主机记录的添加。

（4）添加主机记录后对话框不会关闭，重复步骤（2）继续添加主机记录"www.abc.com""home.abc.com""ftp.abc.com"和"mail.abc.com"。

3）添加邮件交换记录

邮件交换记录（MX）用于在电子邮件系统中告知别的邮件服务器当前域中邮件服务器的域名信息。

（1）再次右击选择"abc.com"域，见图 14-7，选择"新建邮件交换器（MX）"选项，弹出"新建资源记录"对话框。

（2）输入如图 14-9 所示的邮件交换记录。

图 14-8　DNS 主机记录信息

图 14-9　添加邮件交换记录

（3）单击"确定"按钮完成添加。

4）反向查找区域的添加

（1）选择"反向查找区域"的"新建区域"选项，如图 14-10 所示。

（2）按向导进行默认设置，直到进入"反向查找区域名称"界面，输入如图 14-11 所示的反向区域信息。

图 14-10　添加"反向查找区域"

图 14-11　输入反向区域信息

（3）使用默认设置完成向导的其他步骤。

5）添加反向解析记录（PTR）

（1）右击新添加的"反向查找区域"，如图 14-12 所示，选择"新建指针"选项。

（2）添加 DNS 主机对应的反向解析记录"指针（PTR）"，如图 14-13 所示。主机名可以直接输入，也可以单击"浏览"按钮，从已存在的正向查找区域中选择。

（3）用相同的方法添加如下指针记录："172.16.16.10"对应主机名为"www.abc.com"，"172.16.16.100"对应主机名为"ftp.abc.com"，"172.16.16.200"对应主机名为"mail.abc.com"，添加完成后显示如图 14-14 所示。

图 14-12　添加指针记录　　　　　　　图 14-13　指针记录内容

图 14-14　指针记录添加效果

14.4　测试 DNS 服务器

在安装 Windows 10 的计算机中启动命令提示符，按下面步骤完成测试。

1）正向主机解析测试，如图 14-15 所示。

尝试解析"www.abc.com"，并记录结果。

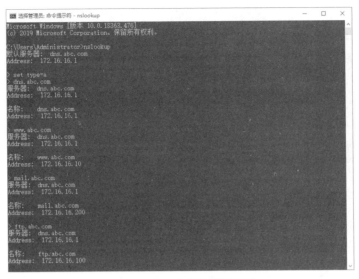

图 14-15　正向主机解析测试

2）邮件交换记录解析测试，如图 14-16 所示。

图 14-16　邮件交换记录解析测试

3）反向解析测试，如图 14-17 所示。

图 14-17　反向解析测试

以上测试均能正确解析，说明 DNS 服务器的配置是正确的。

【注意事项】

1）如果无法解析，需要用 ping 命令探测客户端到 DNS 服务器是否可达，如果不可达则需要检查其 IP 地址是否在一个网络中，两台虚拟机的网卡模式是不是都是 NAT 模式的，如果模式不同也不能通信。

2）不能用 ping 命令诊断 DNS 服务器的解析是否正常，因为 DNS 只负责地址转换，并不负责转换的地址可达。

3）如果在添加主机记录（A）的时候，已经存在反向解析区域，则可以直接在图 14-8 中勾选"创建相关的指针（PTR）记录"复选框，同步添加对应的反向解析记录，即指针（PTR）。

【项目拓展】

1）在正向解析记录中添加"home.abc.com"为"www.abc.com"的别名，使用 nslookup 命令对"home.abc.com"进行解析测试，并记录结果。

_____

_____。

2）添加第二个邮件交换记录 mail2.abc.com，优先级设置为 20，使用 nslookup 命令对邮件交换记录进行解析测试，并记录结果。

_____

_____。

【实践评价】

班　级		学　号		姓　名				
实验地点		实验日期		成绩评定	A	B	C	D
实验目的								
实验过程记录								
实验结果描述								
总结体会及注意事项								

∝ 实验项目 15 FTP 服务器配置 ∾

【预备知识】

文件传输协议（FTP，File Transfer Protocol），该协议是专门用来传输文件的协议。FTP 是典型的 C/S 结构应用层协议，需要由服务器软件、客户端软件两部分共同实现文件的传输功能。FTP 服务既可以在局域网中使用，也可以在广域网中使用。

FTP 服务器是在 Internet 上基于 TCP/IP 协议，并使用 FTP 协议提供文件存储和访问服务的计算机系统。

FTP 服务器的软件很多，常见的有 Windows Server 自带的 IIS，以及第三方的 FileZilla Server、Serv-U FTP Server 等。本实验使用 Windows Server 2012 自带的 IIS 进行配置。

很多软件都可以充当 FTP 客户端，如浏览器、Windows 的资源管理器等，还有一些第三方专门的 FTP 客户端软件，如 FileZilla、CuteFTP、LeapFTP、FlashFTP 等。

【实验目的】

1）理解 FTP 的作用和功能。

2）理解 FTP 服务器的工作模式。

3）掌握 FTP 服务器的常规配置方法及管理。

4）掌握 FTP 服务器虚拟目录的配置方法。

【背景描述】

某公司布设了办公网络，规划内网网络为 172.16.16.0/24。由于公司业务需求要架设一台 FTP 服务器进行文件的存储和上传与下载。按公司网络部门规划，FTP 服务器的 IP 地址为 172.16.16.100，子网掩码为 255.255.255.0。FTP 服务器采用 Windows Server 2012 操作系统，公司员工都使用 Windows 10 操作系统。

FTP 服务器管理的文件位于"D:\ftp_root"目录下。只有 ftp_admin 用户可以上传文件，匿名用户只能下载文件。

【实验设备】

1）采用 VMware 虚拟机软件，并添加了两台虚拟机，分别安装 Windows Server 2012 和 Windows 10 操作系统。两台虚拟机网络模式都配置为 NAT（网络地址转换）模式。

2）Windows Server 2012 系统虚拟机代表企业 FTP 服务器，Windows 10 系统的虚拟机代表企业内部的 FTP 客户端，网络 IP 地址规划如表 15-1 所示。

表 15-1 网络 IP 地址规划

参数项	参数值
服务器（Windows Server 2012）	172.16.16.100 / 255.255.255.0
客户端（Windows 10）	172.16.16.210 / 255.255.255.0

3）实验网络拓扑结构如图 15-1 所示。

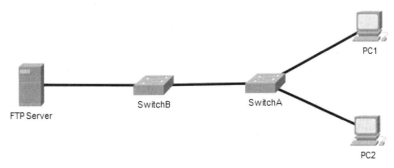

图 15-1　网络拓扑图

【实验内容及步骤】

15.1　配置服务器的基础网络参数

1）配置两台虚拟机的网络模式为 NAT 模式。

2）按表 15-1，设置 FTP 服务器的 IP 地址为 172.16.16.100，子网掩码为 255.255.255.0。

3）按表 15-1，设置客户端 Windows 10 系统的 IP 地址为 172.16.16.210，子网掩码为 255.255.255.0。

15.2　添加 IIS 服务器角色

1）与添加 DNS 服务器类似，选择"开始"的"服务器管理器"选项，弹出"服务器管理器"对话框。选择"添加角色和功能"选项，打开"添加角色和功能向导"对话框，单击 3 次"下一步"按钮，"服务器角色"选项，如图 15-2 所示。勾选"Web 服务器（IIS）"复选框。

图 15-2　"服务器角色"选择

2）按向导提示单击 3 次"下一步"按钮，弹出"角色服务"对话框，如图 15-3 所示，勾选"FTP 服务器"复选框。

图 15-3　"角色服务"选择

3）并单击"安装"按钮，等待 IIS 角色安装完成。

4）关闭对话框，向导完成安装。

15.3　新建 FTP 目录和用户

1）新建目录和文件

在 D 盘根目录下新建目录结构及文件，如图 15-4 所示。

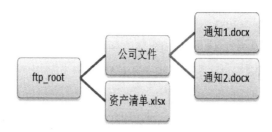

图 15-4　FTP 目录的文件结构

2）新建用户

（1）选择"开始"→"管理工具"，双击弹出窗口中的"计算机管理"选项。

（2）展开窗口左侧窗格中的"本地用户和组"，单击选择"用户"选项。

（3）鼠标右键在中间窗格空白处单击，选择"新用户"命令。

（4）在"新用户"对话框中输入用户名"ftp_admin"，密码自拟，然后单击"创建"按钮后，关闭该对话框。用户创建成功后，记录用户名和密码_____。

15.4　新建 FTP 站点

1）选择"开始"→"管理工具"，双击"Internet Information Service（IIS）管理器"图标，启动 IIS 服务器管理单元。

2）依次展开 IIS 管理器左侧窗格中的服务器节点、"网站"节点。

3）用鼠标单击"网站"节点，选择右侧"操作"窗格中的"添加 FTP 站点…"选项，如图 15-5 所示。

图 15-5   添加 FTP 站点

4）输入站点的名称，并设置内容目录，如图 15-6 所示。

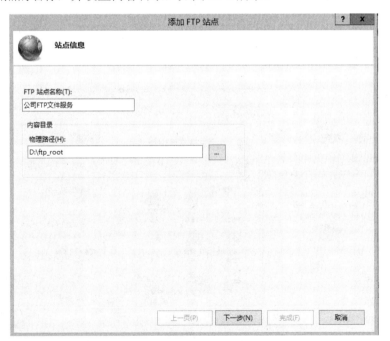

图 15-6   设置站点名称和内容目录

5）绑定 IP 地址，如图 15-7 所示。

6）设置"身份验证"模式，如图 15-8 所示。

7）单击"完成"按钮，完成 FTP 站点添加。

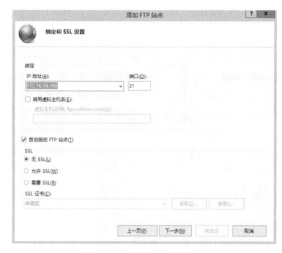

图 15-7　绑定 IP 地址

图 15-8　设置 "身份验证" 模式

15.5　编辑 FTP 站点授权规则

编辑授权规则使 "匿名用户" 只能下载文件，设定的 FTP 站点管理员 ftp_admin 可以下载也可以上传文件。

1）在 IIS 管理器窗口中，选择左侧窗格中上一步新建的 FTP 站点 "公司 FTP 文件服务" 选项。

2）在如图 15-9 所示的 FTP 服务器管理器窗口中，双击中间功能视图窗格中的 "FTP 授权规则" 图标，打开如图 15-10 所示的 "FTP 授权规则" 编辑窗口。

图 15-9　FTP 服务器管理窗口

图 15-10 "FTP 授权规则"编辑窗口

3）选择窗口右侧"操作"窗格中的"添加允许规则"选项，添加如图 15-11 所示的规则，该规则允许 FTP 可以实现匿名下载，但是匿名用户不能上传文件。

4）单击"确定"按钮，完成该规则的添加。

5）重复第 3）、4）步骤添加"ftp_admin"用户的访问授权规则，该规则的添加窗口如图 15-12 所示，这个规则允许 ftp_admin 用户可以上传和下载文件。

图 15-11 添加匿名用户访问授权规则

图 15-12 添加 ftp_admin 用户访问授权规则

15.6 关闭防火墙

为了使实验操作更简单，这里关闭 Windows Server 2012 防火墙，实现 FTP 客户端对其访问。也可以通过配置防火墙访问策略实现 FTP 客户端与服务器通信。

15.7 访问测试

在 FTP 客户端 Windows 10 系统中进行测试。

1）匿名用户访问测试

（1）启动 Windows 10 的资源管理器。

（2）在地址栏中输入"ftp://172.16.16.100"，并按 Enter 键。

（3）在资源管理器窗口中显示如图 15-13 所示的内容，说明 FTP 服务器已经实现了匿名访问。

（4）在安装 Windows 10 的计算机中的其他位置复制一个文件，在图 15-13 中粘贴，测试是否可以上传。

（5）弹出如图 15-14 所示的对话框，提示无法上传。出现的原因是 _____

_____。

图 15-13 用资源管理器对 FTP 进行匿名访问

图 15-14 FTP 服务器拒绝匿名用户上传文件

2）ftp_admin 用户访问测试

（1）在窗口空白处单击鼠标右键，并在弹出的快捷菜单中选择"登录"选项，输入如图 15-15 所示的用户名和密码，其用户名为"ftp_admin"，密码为前面步骤记录的密码。

（2）登录后依然显示图 15-13 的窗口内容，再次复制一个文件，然后在这个窗口中粘贴，如图 15-16 所示。观察复制的文件是否成功上传，并记录和分析实验结果。

_____

_____。

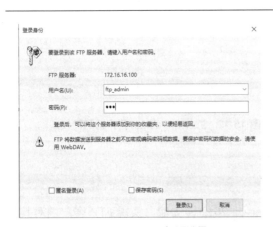

图 15-15 FTP 服务器登录

图 15-16 文件上传成功

【注意事项】

1）虽然 FTP 服务器的文件服务功能多数已经被 Web 服务器所代替，但其拥有简洁、高效的配置方法、快速的访问速度及良好的交互性和安全性，使 FTP 服务器至今仍然被大量企业所使用。

2）在实际应用中不建议关闭 Windows Server 的防火墙，因为关闭防火墙可能会带来意外的安全风险。实现 FTP 服务器对外部的访问，可以通过添加相应的规则来实现。

【项目拓展】

1）扩展上面实验，在 FTP 站点中添加一个虚拟目录进行测试。

2）查阅相关资料，实现 IIS 中可以进行用户隔离的 FTP 站点配置。

3）结合 DNS 服务器，实现同一台计算机架设多个虚拟 FTP 站点的配置。

【实践评价】

班　级		学　号		姓　名				
实验地点		实验日期		成绩评定	A	B	C	D
实验目的								
实验过程记录								
实验结果描述								
总结体会及注意事项								

☙ 实验项目 16　Web 服务器配置 ❧

【预备知识】

Web（World Wide Web，全球广域网），也称万维网。它是一种基于超文本和 HTTP 协议的、全球性的、动态交互的、跨平台的分布式图形信息系统，其传输信息使用的协议是超文本传输协议（HTTP）。信息文件图文并茂，遵循相同的语法规则，这种语法规则被称为超文本标记语言（HTML）。Web 是建立在 Internet 上的一种网络服务，为浏览者在 Internet 上查找和浏览信息提供了图形化的、易于访问的直观界面，其中的文档及超级链接将 Internet 上的信息节点组织成一个互为关联的网状结构。

有了统一格式的网页文件和传输网页文件的通信协议，还需要一个安装特定应用软件的计算机进行存储和发送，这就是 Web 服务器，也就是网站服务器。Web 服务器的功能是接收 Web 客户端的 HTTP 请求，并发送给客户端。目前，世界上流行的 Web 服务器软件有 IIS、Apache、Nginx 等。

Web 客户端很多，包括微软 Windows 系统自带的 Internet Explorer、火狐 Firefox、谷歌 Chrome、苹果的 Safari 等浏览器，以及众多国产浏览器产品。微软最新的 Windows 10 系统把默认浏览器从 IE 更换为一个全新浏览器 Microsoft Edge。

本实验所采用的 Web 服务器软件为 Windows Server 2012 自带的 IIS。为了便于测试，客户端浏览验证使用 Windows 10 自带的默认浏览器 Microsoft Edge（简称为 Edge）。

【实验目的】

1）理解 HTML 和 HTTP 的作用。

2）理解 Web 服务器的功能和工作方式。

3）掌握 Web 服务器的常规配置方法及管理。

4）掌握 Web 服务器虚拟站点的配置方式。

5）掌握 Web 服务器虚拟目录的配置方法。

【背景描述】

某公司组建内部网络，内网网络规划为 172.16.16.0/24，也向我国互联网管理部门申请了固定域名"abc.com"，网站使用"http://www.abc.com"域名进行访问。

由于公司业务需求，需要架设两个 Web 服务器，一个作为外网网站服务器，用于公司的对外宣传推广；另一个作为内网网站服务器，用于发布公司内部办公信息。公司内部还架设了一个 DNS 服务器，用于管理内部域，负责内部服务器域名的解析。为了节省成本，Web 服务器和 DNS 服务器使用一台服务器。Web 服务器采用 Windows Server 2012 操作系统，Web 客户端操作系统采用 Windows 10 操作系统。

为了便于测试，该项目规划内外网 Web 服务器地址都使用内网 IP 地址，从而避免了客户端对服务器的访问出现跨网络通信的情况。实际工作中，Web 服务器一般使用公网 IP 地址。

【实验设备】

1）采用 VMware 虚拟机软件，并添加了两台虚拟机，分别安装 Windows Server 2012 和 Windows 10 操作系统。两台虚拟机网络模式都配置为 NAT 模式。

2）Windows 10 系统的虚拟机代表了该企业内部 Web 客户端计算机，其 IP 地址规划如表 16-1 所示。

表 16-1　Windows 10 IP 地址规划

参数项	参数值
IP 地址	172.16.16.210
子网掩码	255.255.255.0
DNS 服务器 IP 地址	172.16.16.1

3）Windows Server 2012 系统的虚拟机代表 Web 服务器，其 IP 地址规划如表 16-2 所示。

表 16-2　Windows Server 2012 IP 地址规划

参数项	参数值
IP 地址	172.16.16.1
子网掩码	255.255.255.0

4）实验网络拓扑结构如图 16-1 所示。

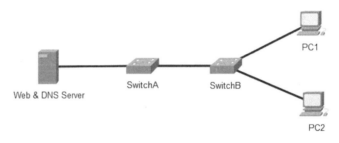

图 16-1　网络拓扑图

【实验内容及步骤】

16.1　配置服务器的基础网络参数

1）配置两台虚拟机的网络模式为 NAT 模式。

2）按表 16-2，设置 Windows Server 2012 的 IP 地址为 172.16.16.1，子网掩码为 255.255.255.0。

3）按表 16-1，设置客户端 Windows 10 系统的 IP 地址为 172.16.16.210，子网掩码为 255.255.255.0，首选 DNS 服务器 IP 地址为 172.16.16.1。

16.2　添加 IIS 服务器角色

1）选择"开始"菜单的"服务器管理器"选项，弹出"服务器管理器"对话框。选择"添加角色和功能"选项，打开"添加角色和功能向导"对话框，单击 3 次"下一步"按钮，进入"选择服务器角色"对话框，如图 16-2 所示，勾选"Web 服务器（IIS）"复选框。

图 16-2　"选择服务器角色"对话框

2）按向导提示，3 次单击"下一步"按钮，进入"选择角色服务"对话框，如图 16-3 所示，勾选"IP 和域限制"复选框，单击"下一步"按钮。

3）在打开的对话框中继续单击"下一步"按钮，在打开的对话框中单击"安装"按钮，等待 IIS 角色安装完成。

图 16-3　"选择角色服务"对话框

4）单击"关闭"按钮，完成安装。

16.3　新建 Web 服务器文件目录，并添加主页文件

1）新建服务器文件目录

在 D 盘根目录下新建几个文件，建立目录结构，如图 16-4 所示。

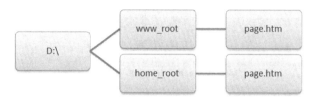

图 16-4　FTP 主目录文件结构

其中"www_root"目录为外部站点主目录，"home_root"目录为内部站点主目录。

2）添加网页文件

两个网页的显示效果如图 16-5 所示。主页文件内容可以自拟，如可以制作以"个人简介"为主题的网页。

图 16-5　外网和内网主页显示效果

16.4　配置外部网站

直接利用 IIS 默认站点来配置外部站点。

1）启动 IIS 服务管理器

启动 IIS 服务管理器，如图 16-6 所示，选择服务管理器左侧的默认站点节点"Default Web Site"选项，如图 16-7 所示。

图 16-6　IIS 服务管理器　　　　　　　　　图 16-7　默认站点设置

2）配置网站主目录

选择窗口右侧"操作"窗格中的"基本设置"选项，在如图 16-8 所示的对话框中，修改物理路径。物理路径此时是网站的主目录，网站的所有文件都应该放在该目录下。物理路径的内容可以直接输入，但是建议使用文本框右侧的"..."按钮进行浏览选择。

3）进行浏览测试

（1）直接输入网址测试。

直接使用本地 Edge 浏览器进行验证。从"开始"菜单启动 Edge，在地址栏中直接输入"http://localhost"并按 Enter 键，显示结果如图 16-9 所示。

图 16-8　站点主目录设置

图 16-9　HTTP 错误号 403.14

并没有显示正确的结果，提示 Web 服务器未被允许列出网站文件目录。默认情况下 Web 服务器不允许列出文件目录。如果这是一个纯下载服务器也可以开启目录浏览。试分析目录浏览权限默认关闭的原因_____。

（2）启用目录浏览。

双击如图 16-7 所示的 IIS 服务管理器中间窗格中的"目录浏览"图标。选择如图 16-10 所示窗口右侧的"操作"窗格中的"启用"选项。

图 16-10　启用目录浏览

（3）再次进行浏览测试。刷新浏览器窗口，则网站文件目录被列出，如图 16-11 所示。

鼠标选择"page.htm"链接，显示效果如图 16-12 所示，"page.htm"文件内容被显示出来。

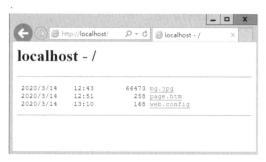 

图 16-11　网站主目录文件列表　　　　图 16-12　显示 page.htm 网页文件内容

　　如果知道网页的确切文件名和路径，可以直接输入完整路径进行访问。该站点应该输入的完整路径为"http://localhost/page.htm"。但在实际应用中，用户往往只知道网站的域名，并不知道网站主页文件的名字，这就需要站点另一项设置的帮助，即"默认文档"。图 16-9 中的错误原因一方面是站点默认设置不允许列出目录；另一方面是网站没有设置正确的默认文档。如果默认文档设置正确，Web 服务器是不会试图发送整个主目录文件列表信息的。

　　4）设置外部站点的默认文档

　　（1）查看当前默认文档列表。

　　双击图 16-7 中"默认文档"图标，打开默认文档设置窗口，如图 16-13 所示。

　　这时发现网站中已经存在 5 个默认主页："Default.htm""Default.asp""index.htm""index.html"和"iisstart.htm"。但"page.htm"的主页文件并未出现在列表中。

　　（2）添加自定义默认文档。

　　选择窗口右侧"操作"窗格中的"添加"选项，输入如图 16-14 所示的主页文件名。

图 16-13　"默认文档"窗口　　　　图 16-14　"添加默认文档"对话框

　　单击"确定"按钮后，"默认文档"对话框的列表如图 16-15 所示。

　　现在有 6 个默认文档，当接收到不指定文档名的客户端请求后，Web 服务器会按默认文档列表的顺序依次在网站主目录下寻找这些文件，如果找到了，就直接把该文档发送给客户端；如果寻找到最后一个默认文档依然没在主目录下发现请求的文件，则会试图把站点主目录下的文件列表发送给客户端；如果站点安全设置是不允许列出目录，则会向客户端返回一个错误信息。记录这个错误信息_____。

　　说明：默认文档的顺序可以进行调整，也可以进行编辑或删除。

图 16-15　默认文档列表

16.5　配置内部网站

1）添加内部站点

（1）启动 IIS 服务管理器。

（2）依次展开 IIS 服务管理器左侧窗格中的服务器节点、"网站"节点。

（3）如图 16-6 所示，单击"网站"节点，单击右侧"操作"窗格中的"添加网站…"选项，启动添加虚拟站点向导。

（4）按图 16-16 所示输入站点的名称、物理路径和端口号。

图 16-16　设置新站点参数

这里不能使用默认端口号 80，因为这会和默认的外部站点发生冲突。将端口号设置为 "8080"，启动站点观察系统提示信息并记录_____。

（5）单击"确定"按钮完成内部站点的添加。

2）配置默认文档

参照外部站点默认文档设置方法，添加内部站点的默认文档"page.htm"。

3）配置安全选项

修改安全选项，把内网网络添加为访问白名单，屏蔽外网访问以保护内网服务器的安全。

（1）在 IIS 服务管理器中，选择窗口左侧窗格中刚刚建立的内部站点，如图 16-17 所示。

图 16-17　内部站点管理

（2）鼠标左键双击"IP 地址和域限制"图标，打开如图 16-18 所示的窗口。

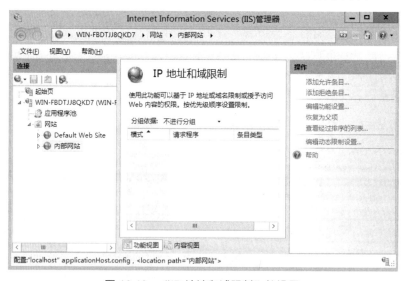

图 16-18　"IP 地址和域限制"的设置

（3）选择窗口右侧"操作"窗格中的"编辑功能设置"选项，进行设置，设置参数如图 16-19 所示。

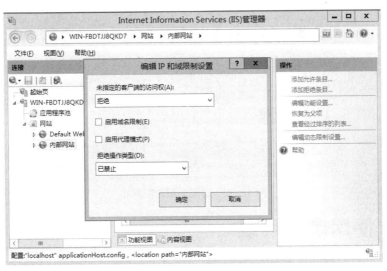

图 16-19　默认客户端访问设置

4）浏览测试

（1）直接测试。打开浏览器，在地址栏中输入"http://localhost:8080"进行访问，显示的结果如图 16-20 所示，访问被拒绝，提示无权查看。这是因为网站的 IP 地址限制通过上一步骤修改成了默认拒绝所有客户端访问，后面又没有添加白名单所致。

（2）Windows 防火墙设置。实际工作中，不建议关闭防火墙。如果添加了新的服务，只需要在防火墙中放行必要的端口即可。

（3）添加白名单网络。选择图 16-19 中右侧的"添加允许条目"选项，添加如图 16-21 所示的网络访问白名单。

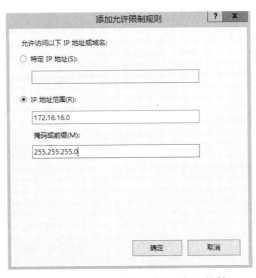

图 16-20　拒绝访问　　　　　　　图 16-21　"添加允许限制规则"对话框

（4）再次进行浏览测试。打开浏览器输入网址"http://localhost:8080"进行测试，网站访问成功，如图 16-22 所示。

图 16-22　访问公司内部网站

16.6　使用虚拟目录

默认情况下，只有将站点文件存储在站点主目录下才能发布出去，但有时需要把别的目录中的文件通过已有站点进行发布，这时就要建立虚拟目录了。虚拟目录是指其他目录在网站主目录下的路径映射。这样无须把文件复制到站点主目录下就可以实现 Web 客户端对这些文件的访问。

1）在默认站点中添加虚拟目录

（1）在 D 盘根目录下新建一个目录"dir1"，并在目录内新建一个用于测试的网页文件"test.htm"，在文件中输入："我是虚拟目录中的文件"。

（2）启动 IIS 服务管理器，在窗口左侧窗格中选择默认站点"Default Web Site"节点。

（3）打开"虚拟目录"编辑界面，如图 16-23 所示。

（4）选择窗口右侧"操作"窗格中的"添加虚拟目录"选项。

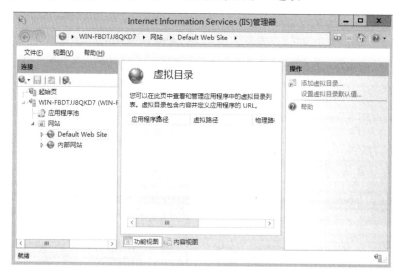

图 16-23　打开"虚拟目录"编辑界面

（5）按图 16-24 所示的内容设置虚拟目录的参数。

（6）单击"确定"按钮，便完成了虚拟目录添加。

2）测试虚拟目录

启动 Server 的 IE 进行测试。在地址栏中输入"http://localhost/vdir1/test.htm"并按 Enter 键，显示如图 16-25 所示的内容，测试成功。

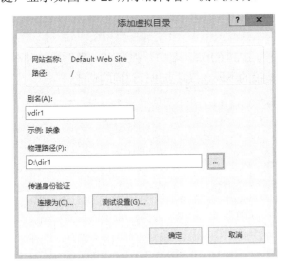

图 16-24　添加虚拟目录　　　　　　　图 16-25　测试虚拟目录

16.7　综合测试

1）直接测试

在局域网环境下用 Windows 10 客户端进行测试。启动 Edge 浏览器，分别输入网址 "http://172.16.16.1"和"http://172.16.16.1:8080"进行测试，观察并记录测试结果＿＿＿＿＿＿＿＿＿ ＿＿。

注意：如果出现第一个网址可以访问，第二个网址无法连接的情况，需要关闭 Windows Server 2012 的防火墙。默认情况下，对于大多数非标准端口的访问都会被防火墙阻拦。

2）测试域名访问

（1）添加 DNS 角色并进行 DNS 配置。

- Windows Server 2012 下添加 DNS 角色；
- 启动 DNS 管理器，添加正向查找区域"abc.com"，其类型为主区域；
- 在区域"abc.com"中添加主机记录"www.abc.com"。

（2）在 Windows 10 客户端中使用域名进行访问测试。

启动 Edge 浏览器，分别输入网址"http://www.abc.com"和"http: //www.abc.com:8080" 进行测试。观察并记录测试结果＿＿＿＿＿＿＿＿＿＿＿＿＿＿＿＿＿＿＿＿＿＿＿＿＿＿＿＿＿＿ ＿＿ ＿＿＿＿＿＿＿＿＿＿＿＿＿＿＿＿＿。

【注意事项】

1）同一个服务器中可以架设多个虚拟站点，但是不同的虚拟站点必须修改以下 3 个绑定 参数，使之至少有一个参数不同：

- IP 地址；

- 端口号；
- 域名。

2）每个虚拟目录都集成了整个站点的设置，但是也可以单独设置如"默认文档"和"IP 地址和域限制"等参数。

【项目拓展】

扩展上面的实验，将两个站点的 IP 地址都修改为 172.16.16.1，端口号都为 80，然后增加对不同域名的绑定，实现使用不同域名对同一个服务器上架设的不同虚拟站点进行访问的功能。

【实践评价】

班　级		学　号		姓　名				
实验地点		实验日期		成绩评定	A	B	C	D
实验目的								
实验过程记录								
实验结果描述								
总结体会 及注意事项								

❧ 实验项目 17　DHCP 服务器配置 ❧

【预备知识】

网络中客户端之间的通信必须配置正确的 IP 地址等网络参数。网络参数的配置方式分为手动配置和自动配置两种。后者需要在局域网内架设单独的 DHCP 服务器。

DHCP 即动态主机配置协议。DHCP 服务器的功能是，自动向局域网中的其他客户端分配 IP 地址、子网掩码、默认网关、DNS 等网络参数。

DHCP 协议的典型工作过程包括 DHCP DISCOVER、DHCP OFFER、DHCP REQUEST 和 DHCP ACK。

1）DHCP DISCOVER（IP 租约请求）：客户端以广播方式发送请求，寻找 DHCP 服务器。

2）DHCP OFFER（IP 租约提供）：服务器收到客户端请求后，如果还有空闲地址资源则会以广播方式返回一个响应报文，包含有效 IP 地址及其他配置信息。

3）DHCP REQUEST（IP 租约选择）：客户端对 DHCP OFFER 报文的响应，表示接受相关配置。如果收到多个 DHCP OFFER，通常会接受第一个收到的配置。

4）DHCP ACK（IP 租约确认）：服务器对客户端的 DHCP REQUEST 报文的响应，表示服务器确认客户端的网络配置信息。经过这一步，DHCP 客户端才真正获得了 IP 地址等网络配置信息。

默认情况下，DHCP 服务是不能跨网络的，即只能在本地局域网范围内工作。如果需要跨网络分配 IP 地址，则需要路由器支持并开启 DHCP 中继功能。

VMware 内置了 DHCP 服务器，为"NAT"虚拟网络和"仅主机"虚拟网络中的虚拟机网卡分配 IP 地址。为了测试 Windows Server 2012 中的 DHCP 服务器，需要关闭 VMware 的 DHCP 服务功能。

【实验目的】

1）理解 DHCP 的功能和用途。

2）理解 DHCP 服务器的工作方式。

3）掌握 DHCP 服务器的常规配置方法及管理。

【背景描述】

某公司组建了内部网络，内部网络规划为 172.16.16.0/24。为了方便内部员工，需要架设一台 DHCP 服务器，为员工计算机自动分配 IP 地址、子网掩码、默认网关、DNS 等参数。DHCP 服务器选用 Windows Server 2012 操作系统，Web 客户端选用目前较为常用的 Windows 10 操作系统。

【实验设备】

1）采用 VMware 虚拟机软件，并添加两台虚拟机，分别安装 Windows Server 2012 和 Windows 10 操作系统。两台虚拟机网络模式都配置为 NAT 模式。关闭 VMware NAT 模式网络的 DHCP 服务功能。

2）Windows 10 系统的虚拟机代表该企业内部客户端的计算机，其 IP 地址配置为自动获取。

3）Windows Server 2012 系统的虚拟机代表 DHCP 服务器，其 IP 地址规划如表 17-1 所示。

表 17-1　Windows Server 2012 的 IP 地址规划

参数项	参数值
IP 地址	172.16.16.1
子网掩码	255.255.255.0

4）实验网络拓扑结构如图 17-1 所示。

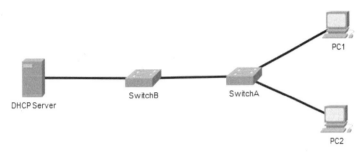

图 17-1　网络拓扑图

【实验内容及步骤】

17.1　基础网络参数配置

1）配置两台虚拟机的网络模式为 NAT 模式。

2）按表 17-1，设置 Windows Server 2012 的 IP 地址为 172.16.16.1，子网掩码为 255.255.255.0。

3）设置客户端 Windows 10 系统的 IP 地址和 DNS 地址获取方式为"自动获取"。

17.2　DHCP 角色添加和配置

1）添加 DHCP 服务器角色

（1）选择"开始"的"服务器管理器"选项，弹出"服务器管理器"对话框。选择"添加角色和功能"选项，打开"添加角色和功能向导"对话框，单击 3 次"下一步"按钮，进入"选择服务器角色"对话框。如图 17-2 所示，勾选"DHCP 服务器"复选框，在弹出的对话框中单击"添加功能"按钮或"确定"按钮即可。

（2）继续按照默认方式完成安装向导，最后关闭对话框，完成 DHCP 服务器安装。

2）添加 DHCP 作用域

（1）在 Windows Server 2012 中，选择"开始"→"管理工具"，双击"DHCP"图标启动 DHCP 管理器。

（2）如图 17-3 所示，展开左侧窗格中的服务器名，右键单击"IPv4"节点，在弹出的快捷菜单中选择"新建作用域"命令，弹出"新建作用域向导"对话框。

（3）作用域名称的设置。在"作用域名称"对话框中输入如图 17-4 所示的内容。

（4）作用域 IP 地址范围的设置。单击"下一步"按钮，在"IP 地址范围"对话框中输入如图 17-5 所示的内容。

计算机网络基础与应用（实验指南）

图 17-2 "选择服务器角色"对话框

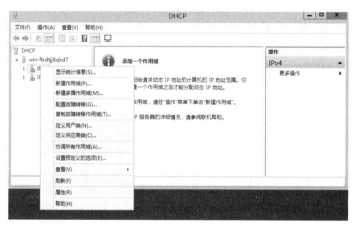

图 17-3 新建作用域

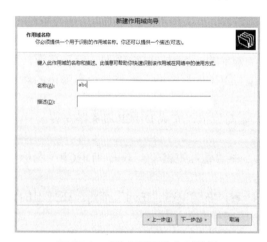

图 17-4 "作用域名称"对话框

图 17-5 "IP 地址范围"对话框

3）配置作用域选项

（1）添加"排除"选项。单击"下一步"按钮，在"排除"对话框中保留默认值，不进行设置，直接单击"下一步"按钮。

（2）租用期限设置。租用期限默认是 8 天，这里修改为 2 小时，设置值如图 17-6 所示。单击两次"下一步"按钮配置作用域选项。

（3）默认网关设置。在路由器（默认网关）对话框中输入如图 17-7 所示的 IP 地址作为默认网关，单击"添加"按钮，再单击"下一步"按钮。

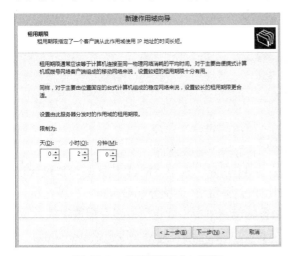

图 17-6　"租用期限"对话框　　　　　　图 17-7　添加路由器（默认网关）对话框

（4）DNS 设置。在如图 17-8 所示的对话框中输入随 IP 一起分配给客户端的 DNS 地址，然后单击"添加"按钮。

图 17-8　DNS 参数配置

单击"添加"按钮后，会对添加的 DNS 服务器是否可用进行检测，如图 17-9 所示。这时无论检测是否通过一律单击"是"按钮。然后，单击"下一步"按钮。

（5）取默认值完成向导的其余步骤，直到完成创建。

图 17-9　DNS 验证

17.3　DHCP 服务器测试

在客户端上进行动态 IP 地址验证。

1）关闭 VMware 的 DHCP 服务功能

（1）在 VMware 菜单栏中选择"编辑"的"虚拟网络编辑器"选项。

（2）弹出如图 17-10 所示的对话框，单击窗口右下角的"更改设置"按钮即可进行编辑。

（3）关闭 NAT 模式网络的 DHCP 服务。如图 17-11 所示，选中"NAT 模式与虚拟机共享主机的 IP 地址"单选项，取消勾选"使用本地 DHCP 服务将 IP 地址分配给虚拟机"复选框，从而关闭 VMware 为 VMnet8 网络提供的 DHCP 服务功能。单击"确定"按钮令配置生效。

图 17-10　虚拟网络编辑器

图 17-11　关闭 VMnet8 的 DHCP 服务

2）在 Windows10 中测试 DHCP 服务

（1）在 Windows 10 客户端中打开"命令提示符"窗口。

（2）在"命令提示符"窗口中输入"ipconfig /renew"命令以刷新本地 IP 地址，如图 17-12 所示。

（3）查看 Windows 10 客户端获取详细的 IP 地址信息。

在 Windows 10 客户端的"命令提示符"窗口中输入"ipconfig /all"命令，并记录和分析其输出结果_____

_____

_____。

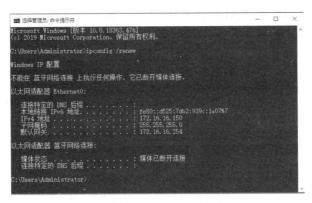

图 17-12　刷新本地 IP 地址

（4）从服务器上查看 IP 地址的使用情况。

启动 Windows Server 的 DHCP 管理器，展开服务器节点。鼠标右键单击"作用域"节点，在弹出的快捷菜单中选择"显示统计信息"选项，弹出如图 17-13 所示的窗口。

可以看出，地址池中共有 51 个 IP 地址，其中有 1 个 IP 地址正在使用中，剩下 50 个 IP 地址可供分配。

图 17-13　作用域统计信息

17.4　添加保留

如果想使某台客户端永远得到相同的 IP 地址，可以把该客户端添加到作用域的"保留"中，这就需要知道客户端网卡的 MAC 地址。假设客户端的 MAC 地址为"00-0C-29-9C-00-F4"，（实际 MAC 地址应以客户端的真实值为准）。

1）为作用域添加保留

（1）启动 DHCP 管理器。

（2）展开左侧窗口中的作用域节点。

（3）鼠标右键单击"保留"选项，在弹出的快捷菜单中选择"新建保留"选项，如图 17-14 所示。

（4）保留项的参数值如图 17-15 所示。

图 17-14　选择"新建保留"选项

图 17-15　保留项参数值的设置

这个保留项可以使 MAC 地址为"00-0C-29-9C-00-F4"的网卡永远得到固定的 IP 地址"172.16.16.201"。单击"添加"按钮后，关闭对话框。

2）保留项测试

在安装 Windows 10 客户端的计算机中"命令提示符"窗口中输入"ipconfig /renew"命令和"ipconfig /all"命令，查看运行结果。如果第一个命令执行错误，可先运行"ipconfig /release"命令，再运行前面两个命令。

记录输出结果_____

_____

_____

_____。

【注意事项】

1）一定要关闭 VMware 自带的 DHCP 服务功能，否则 Windows Server 2012 的 DHCP 服务器即便配置正确也不会测试成功。

2）进行 DHCP 服务器配置前一定要先配置静态 IP 地址。

3）DHCP 服务器作用域的 IP 地址网络必须和本机 IP 地址处于同一个局域网中，否则不能工作。

4）为了避免冲突，建议保留项所对应的 IP 地址不在作用域范围内，但是必须和作用域处于同一个网络。

【项目拓展】

1）扩展上面的实验，在地址池中新建"排除"选项，其排除范围是"172.16.16.170"到"172.16.16.175"，这些 IP 地址将从地址池中删掉。

2）修改作用域选项。把 DNS 地址改为"114.114.114.114"，并刷新客户端 IP 地址进行验证。

【实践评价】

班　级		学　号		姓　名				
实验地点		实验日期		成绩评定	A	B	C	D
实验目的								
实验过程记录								
实验结果描述								
总结体会及注意事项								

∽ 实验项目 18 使用 Foxmail 收发邮件 ∾

【预备知识】

电子邮件（E-mail）是指使用电子设备进行信息交换的通信方法，它把邮件发送到收件人使用的邮件服务器，并放在收件人邮箱中，收件人可随时登录自己使用的邮件服务器进行读取。电子邮件不仅使用方便，而且还具有传输迅速和费用低廉的优点。现在电子邮件不仅包含文本信息，还可以包含声音、图像、视频、应用程序等各类计算机文件。

1）电子邮件地址的格式

在电子邮件的信封上，与普通邮寄信件一样，最重要的就是收信人的地址。在 TCP/IP 网络中，电子邮件系统规定了电子邮件地址的格式：

邮箱名@邮箱所在邮件服务器的域名

其中符号"@"读作"at"，表示"在"的意思。如 zhyp315@126.com，"zhyp315"这个邮箱名在 126.com 邮件服务器域名内是唯一的。邮箱名又称用户名，是 ISP 邮件服务器上唯一的名称。邮件服务器域名在 Internet 上是唯一的，因此电子邮件地址在 Internet 上也是唯一的。

2）电子邮件系统的构成

电子邮件系统应由用户代理（UA，User Agent）、邮件服务器和邮件协议 3 个部分组成，如图 18-1 所示。

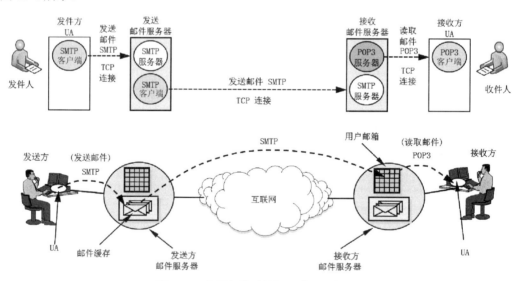

图 18-1 电子邮件系统的组成及工作过程

（1）用户代理，又称电子邮件客户端软件，是运行在用户计算机上的一个应用程序，可提供邮件的撰写、发送、编辑、保存等管理服务，完成对收发电子邮件的环境及参数的设置，是用户使用电子邮件系统的接口程序，如 Outlook Express 和 Foxmail 都是很受欢迎的电子邮件用户代理。

（2）邮件服务器是电子邮件系统的核心，主要负责发送与接收电子邮件，并实现用户账号与用户邮箱的管理和维护功能。电子邮件服务器包括发送邮件服务器和接收邮件服务器两种。当发送端发送邮件时，首先将邮件发送给自己所使用的邮件服务器，然后发送邮件服务器将邮件发送给接收邮件服务器，最后接收端从自己的邮件服务器中读取邮件。

（3）邮件协议包括发送邮件协议和邮件读取协议。发送邮件协议有简单邮件传输协议（Simple Mail Transfer Protocol，SMTP）和多用途互联网邮件扩展类型（Multipurpose Internet Mail Extensions，MIME）等。邮件读取协议通常有邮局协议（Post Office Protocol，POP）和互联网邮件访问协议（Internet Message Access Protocol，IMAP）等。现在使用的 POP3 是邮局协议的第 3 个版本，IMAP 较新的版本是 IMAP4。

3）电子邮件工作的过程

如图 18-1 所示，电子邮件的工作过程如下。

（1）用户通过用户代理程序撰写、编辑邮件。在发送栏填入收件人的邮件地址。如果要抄送其他人，可在抄送栏填入其他人的电子邮件地址。

（2）撰写完邮件后，用户代理将邮件通过 SMTP 协议传送到发送邮件服务器。用户主机的 SMTP 客户端进程通过端口 25 与发送邮件服务器的 SMTP 服务器进程建立 TCP 连接。利用这个连接将邮件传送到发送邮件服务器。传送完毕后，SMTP 拆除 TCP 连接。

（3）发送邮件服务器将邮件临时放入邮件发送缓存队列中，等待发送。

（4）发送邮件服务器 SMTP 客户端与接收邮件服务器的 SMTP 服务器建立 TCP 连接，然后把邮件缓存队列中的邮件依次发送出去。

（5）接收邮件服务器收到邮件后，将收到的邮件保存到用户的邮箱中，等待收件人读取邮件。

（6）收件人在方便的时候，使用 POP3（或 IMAP）协议从接收邮件服务器中读取电子邮件，并通过用户代理程序进行阅览、保存及其他处理。

至此就完成了电子邮件的发送与接收。

电子邮件的优点是快捷、价廉、不打断对方工作或休息；缺点是有时邮件发送会很慢或丢失，且垃圾邮件过滤对策还需改善。

【实验目的】

1）理解电子邮件系统组成及工作方式。

2）掌握 Foxmail 的设置方法及管理。

3）能够使用 Foxmail 收发邮件。

【背景描述】

电子邮件是某公司最常用的办公软件之一，公司现在统一使用 Foxmail 邮件客户端软件收发和管理邮件。它能够合理规划重要的邮件及资料，大大提高了工作效率。

【实验设备】

1）接入 Internet 的计算机 1 台。

2）Foxmail 邮件客户端软件。

【实验内容及步骤】

Foxmail 是张小龙开发的一款优秀的国产电子邮件客户端软件。中文版用户数量众多，英文版的用户遍布 20 多个国家，名列"十大国产软件"。2005 年被腾讯收购。新版 Foxmail 具备强大的反垃圾邮件功能。下面以 QQ 邮箱为例，介绍如何使用 Foxmail 收发和管理邮件。

18.1　创建 Foxmail 邮箱账号

1）注册一个 QQ 邮箱账号。

2）启用 QQ 邮箱中的 "POP3/IMAP/SMTP/服务"。登录 QQ 邮箱，选择用户名下的 "设置" 链接，再选择 "账户" 选项，如图 18-2 所示。开启邮箱 "POP3/SMTP 服务" 和 "IMAP/SMTP 服务"，如图 18-3 所示。

图 18-2　设置 QQ 邮箱

图 18-3　开启邮箱 "POP3/SMTP 服务和 IMAP/SMTP 服务"

3）下载 Foxmail 邮件客户端软件，并按照提示完成安装。下面以 Foxmail 7.2 版本为例进行介绍。

4）打开 Foxmail，单击右上角的三条线按钮，选择 "账号管理" 选项，如图 18-4 所示。

5）打开 "系统设置" 对话框，如图 18-5 所示，单击左下角的 "新建" 按钮，打开 Foxmail "新建账号" 对话框，在 "E-mail 地址" 文本框中输入邮箱账号，并在 "密码" 文本框中输入密码。

图 18-4　选择 "账号管理" 选项

图 18-5　 "新建账号" 对话框

6）单击"手动设置"按钮进行 POP3 设置，注意必须勾选"SSL 端口"复选框，如图 18-6
所示。

7）使用 Foxmail 通过 POP3 收取邮件时，默认设置在邮件服务器上保留备份，如需更改，
可单击刚刚建立的账户，选择"服务器"选项，然后在"服务器备份"中进行更改，如图 18-7
所示。

图 18-6　邮件服务设置　　　　　　　　　图 18-7　邮件服务器备份设置

至此已经完成了 Foxmail 客户端的配置，可以收发 QQMail 邮件了。

18.2　使用 Foxmail 收发邮件

1）使用 Foxmail 发送电子邮件

打开 Foxmail，单击"写邮件"按钮，在"写邮件"窗口中，填写收件人、主题、邮件内
容、附件等。完成后单击"发送"按钮，如图 18-8 所示。

2）使用 Foxmail 接收电子邮件。打开 Foxmail，单击"收取"按钮，即可收取邮箱中的邮
件，如图 18-9 所示。

图 18-8　撰写并发送邮件

图 18-9　收取邮件

图 18-10　设置"账户访问密码"

18.3　Foxmail 的其他使用技巧

1）设置账户访问密码

在某一邮件账户上，鼠标右键单击选择"账号访问密码"选项，如图 18-10 所示，可以设置该账户在本机 Foxmail 上的访问密码。该功能只能作为基本的安全防护，并不能真正地保证数据的安全。

2）过滤器的使用

过滤器是对来信和现有信件进行合理归类、合理操作的工具。该功能可以根据一系列条件组合来对信件进行处理。打开 Foxmail，单击右上角的三条线按钮，选择"工具"→"过滤器"，再选择需要设置的邮箱账号，单击"新建"按钮，在"新建过滤器规则"对话框中，根据需要建立相应的规则，如图 18-11 所示。合理配置过滤器规则可以实现邮件的归类及操作，提高工作效率，达到事半功倍的效果。

图 18-11　新建过滤器规则

3）反垃圾邮件

用户对垃圾邮件非常反感，Foxmail 使用贝叶斯过滤垃圾邮件，用户可以选择过滤的强度，如图 18-12 所示。推荐使用 Foxmail 反垃圾数据库过滤垃圾邮件复选框。选中用户邮箱账号，单击鼠标右键选择"设置"→"反垃圾"，打开"系统设置"对话框，进行设置。

图 18-12　反垃圾邮件的设置

4）其他功能设置

Foxmail 邮件客户端软件的功能非常强大，如定时收发邮件、邮件搜索、邮件加密、会议请求、会议提醒、邮件存档与管理等功能，用户可以进一步操作体验。

【注意事项】

1）万维网邮箱和 Foxmail 邮件客户端软件的关系。

2）SMTP 服务器和 POP 服务器的地址设置，一般使用域名，端口号不能随意更改。

【项目拓展】

1）请申请注册一个万维网邮箱，进行邮件收发体验，如网易邮箱、新浪邮箱等。

2）请将你的其他邮箱账号也添加到 Foxmail 邮件客户端软件中，如网易邮箱、新浪邮箱等。

计算机网络基础与应用（实验指南）

【实践评价】

班　级		学　号		姓　名				
实验地点		实验日期		成绩评定	A	B	C	D
实验目的								
实验过程记录								
实验结果描述								
总结体会 及注意事项								

◌ਡ 实验项目 19　中小型企业网络应用服务器的 规划与配置 ਡ◌

【预备知识】

中小型企业的局域网通常使用的服务器包括 Web 服务器、FTP 服务器、DNS 服务器及 DHCP 服务器等。服务器操作系统采用比较容易管理的 Windows Server 系列。

虚拟 Web 主机是指一台主机架设多个 Web 站点，每个站点并不独占一台主机。常见的虚拟 Web 主机的类型主要有基于端口号的虚拟 Web 主机、基于 IP 地址的虚拟 Web 主机和基于域名的虚拟 Web 主机 3 种。因为公网 IP 地址的数量是有限的，所以虚拟 Web 主机以基于端口号或域名的虚拟主机最为常见。

基于端口号的 Web 主机可以多台虚拟主机共享一个 IP 地址，共用一个域名，但是只能有一个 Web 站点使用标准的 80 端口号，其他主机必须使用非标准端口，这为用户访问带来了一定的麻烦。对于非标准端口 Web 站点用户必须使用类似于 "协议://完整主机名:端口号/文档" 这样带有端口号的 URL 进行访问。

基于域名的虚拟 Web 主机相对比较友好。多个虚拟 Web 主机不但可以共用一个 IP 地址，还可以共用一个端口号，只要各自绑定不同的域名就可以了。这种 Web 虚拟主机非常易于访问，Web 客户端用户完全感受不到自己是在访问虚拟 Web 主机，这也是这种方式的优点。

不同虚拟 Web 主机之间用以下 3 个参数进行区分：

（1）绑定的 IP 地址；

（2）绑定的端口号；

（3）绑定的主机名。

以上 3 个参数的设置至少要有一个是不同的，否则该虚拟 Web 主机就无法启动。

【实验目的】

1）理解中小型企业网络应用服务器的需求分析方法及规划。

2）熟练掌握 DNS、Web、FTP、DHCP 等多种服务器的配置方法及管理。

3）掌握常用服务器的综合配置。

4）掌握常用服务器的运维与管理。

【背景描述】

根据公司业务需求架设 1 台 Web 服务器，用于对外进行宣传和发布公司的相关信息，以及对内发布各种文件和通知。架设 1 台 DNS 服务器，用于管理内部域，负责服务器域名的解析。架设 1 台 FTP 服务器，用于公司内部网络文件传输，只有管理员具有写权限，其他用户只能读取，即只能下载。为了简化职工用网的配置，局域网内需要架设 1 台 DHCP 服务器，用于分配 IP 地址等信息。

服务器操作系统采用 Windows Server 2012 操作系统，客户端操作系统采用 Windows 10 操作系统。

公司各应用服务器规划方案如表 19-1 所示。

表 19-1　公司各应用服务器规划方案

服务器类型	服务器域名	IP 地址	DNS 服务器 IP 地址	功能
DNS 服务器	dns.abc.com	172.16.16.1/24	—	管理 abc.com 域，并为本地 DNS 客户端提供 DNS 域名解析
Web 服务器	www.abc.com	172.16.16.10/24	172.16.16.1	向外网提供 Web 服务
	home.abc.com	172.16.16.10/24	172.16.16.1	为公司内网用户提供 Web 服务
FTP 服务器	ftp.abc.com	172.16.16.100/24	172.16.16.1	提供文件服务
DHCP 服务器		172.16.16.253/24	172.16.16.1	为内网用户分配 IP 地址等网络参数

说明：为了简化实验流程，服务器 IP 地址在实验中选用内网 IP 地址，以避免出现需要跨网络通信的现象。

【实验设备】

1）采用 VMware 虚拟机软件，并添加了 4 台虚拟机，其中 3 台作为服务器安装 Windows Server 2012 操作系统，1 台作为客户端，安装 Windows 10 操作系统。4 台虚拟机网卡模式都配置为 NAT 模式。

2）Windows 10 系统的虚拟机代表该企业内部客户端计算机，其 IP 地址和 DNS 地址可自动获取。

3）Windows Server 2012 的 IP 地址规划见表 19-1。

4）实验网络拓扑结构如图 19-1 所示。

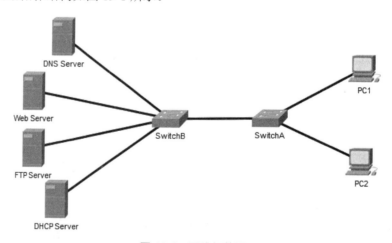

图 19-1　网络拓扑图

【实验内容及步骤】

19.1　配置服务器和客户端计算机的基础网络参数

1）配置 5 台虚拟机的网络模式为 NAT 模式。

2）按表 19-1 配置 4 台 Windows Server 2012 的 IP 地址、子网掩码和首选 DNS 服务 IP 地址。为了便于识别，将这 4 台服务器分别称为 Server-DNS、Server-Web、Server-FTP 和 Server-

DHCP。

3）将客户端 Windows 10 系统的 IP 和 DNS 设置为自动获取。

19.2　DNS 服务器配置

1）安装角色并添加查找区域

（1）在 Server-DNS 服务器上安装 DNS 服务器角色。

（2）启动 DNS 管理器。

（3）新建正向查找区域为"abc.com"。

（4）输入网络 ID"172.16.16"，新建反向查找区域为"16.16.172.in-addr.arpa"。

2）添加正向解析记录

（1）在正向查找区域中添加主机记录，如图 19-2 所示。

（2）添加直接域名解析记录。

在现实中，人们访问某网站时可能并不知道完整的主机名，如"http://www.abc.com"，只习惯于输入域名，如"http://abc.com"，这时候就需要在 DNS 服务器中添加特定的记录，使域名能直接解析为一个 IP 地址，这种解析称为直接域名解析，其添加过程如下：

● 鼠标右键单击正向查找区域"abc.com"，在弹出的快捷菜单中选择"新建主机"选项；

● 在弹出的对话框中输入如图 19-3 所示的信息，主机名直接留空，IP 地址栏输入想要让 DNS 解析到的 IP 地址；

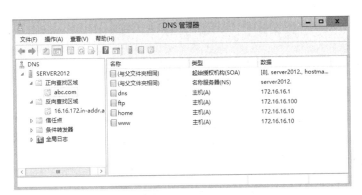

图 19-2　新建正向查找主机记录

图 19-3　添加直接域名解析记录

● 单击"添加主机"按钮后关闭对话框，如图 19-4 所示，最下面一条即为直接域名解析记录。

3）添加反向解析记录

在反向查找区域中添加如图 19-5 所示的反向解析记录（指针记录）。

4）关闭 Server-DNS 的 Windows 防火墙

5）DNS 解析测试

（1）正向解析测试。

直接在 Server-DNS 的"Windows PowerShell"窗口中测试正向解析，如图 19-6 所示。

计算机网络基础与应用（实验指南）

图 19-4　正向查找区域最终数据记录

图 19-5　反向查找区域指针记录

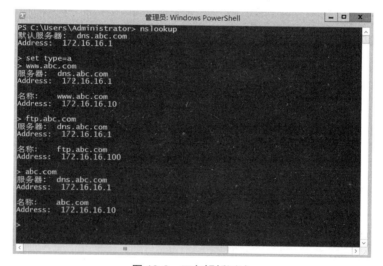

图 19-6　正向解析测试

用 nslookup 分别解析"home.abc.com"和"zzz.abc.com"，并记录解析结果＿＿＿＿＿＿＿＿＿＿＿。

（2）反向解析测试。

直接在 Server-DNS 的"Windows PowerShell"窗口中测试反向解析，如图 19-7 所示。

图 19-7　反向解析测试

用 nslookup 解析"172.16.16.16", 并记录解析结果_____

_____。

19.3　配置 DHCP 服务器

由于企业员工的网络技能参差不齐, 应尽量简化员工计算机的配置步骤, 所以需要配置 DHCP 服务器。DHCP 服务器为员工分配基础的 IP 地址和子网掩码, 以便实现局域网内的通信。员工还需要通过 172.16.16.254 网关访问互联网, 因此还需要分配默认网关和 DNS 地址。

1) 添加 DHCP 角色

在 Server-DHCP 上使用管理器安装 DHCP 角色。

2) 添加作用域

(1) 在管理工具中启动 DHCP 管理器。

(2) 在"IPv4"节点添加作用域。

● 作用域名称: abc.com;

● 作用域 IP 地址的范围, 如图 19-8 所示。

3) 配置作用域选项和其他额外配置

(1) 添加排除功能。由于 172.16.16.100 已经规划给了 FTP 服务器, 因此需要从地址范围内进行排除, 如图 19-9 所示。

图 19-8　作用域 IP 地址的范围

图 19-9　添加排除功能

如果需要排除的只是单个 IP 地址而不是一个地址段，只需要填写起始 IP 地址，然后单击"添加"按钮即可。

（2）设置默认网关，如图 19-10 所示。

（3）添加 DNS 地址，如图 19-11 所示。

图 19-10　设置默认网关

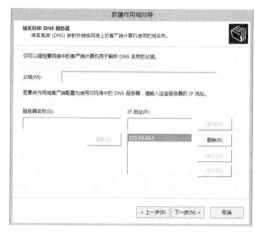

图 19-11　添加 DNS 地址

（4）完成向导。

4）DHCP 客户端测试

（1）查看客户端计算机是否获取了正确的 IP 地址。

● 在 Windows 10 客户端中启动"命令提示符"窗口；

● 在"命令提示符"窗口中输入"ipconfig /release"命令；

● 继续输入"ipconfig /renew"命令；

● 最后输入"ipconfig /all"命令，记录命令输出结果＿＿＿＿＿＿＿＿＿＿＿＿＿＿＿＿＿

＿＿

＿＿

＿＿＿。

（2）DHCP 客户端进行 DNS 解析测试。

测试的目的是验证客户端和 DNS 服务器的连通性，获取网络参数的正确性及解析的正确性。在"命令提示符"窗口中输入"nslookup"命令，然后依次输入"www.abc.com"命令和"abc.com"命令，并记录测试结果＿＿＿＿＿＿＿＿＿＿＿＿＿＿＿＿＿＿＿＿＿＿＿＿＿＿＿＿＿＿

＿＿＿。

19.4　Web 服务器配置

在 Server-Web 服务器上配置内网虚拟 Web 主机。

1）建立主目录并添加主页文件

（1）在 D 盘根目录下建立如图 19-12 所示的目录结构。

图 19-12 新建站点目录和文件

（2）主页文件内容自拟。

2）在 Server-Web 主机上添加 IIS 角色。在"角色服务"对话框中勾选"IP 和域限制"复选框，其他设置默认，如图 19-13 所示。

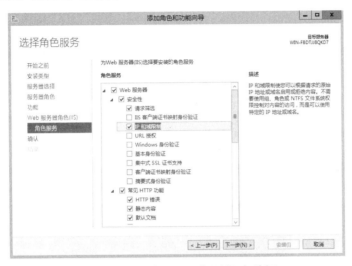

图 19-13 勾选"IP 和域限制"复选框

3）配置默认 Web 站点

（1）在管理工具中启动 IIS 管理器。

（2）设置主目录。在 IIS 管理器窗口中选中默认站点"Default Web Site"，选择窗口右侧"操作"窗格中的"基本设置"选项，将物理目录指向"D:\home_root"目录。

（3）设置网站绑定。选择窗口右侧"操作"窗格中的"绑定"选项，设置如图 19-14 所示。

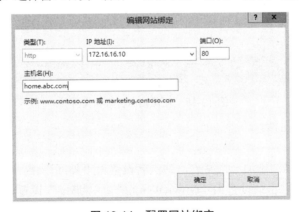

图 19-14 配置网站绑定

（4）配置 IP 地址限制。鼠标双击 IIS 管理器中间窗格中的"IP 地址和域限制"，在"操作"窗格中编辑功能设置，将"未指定的客户端的访问权"设置为"拒绝"，如图 19-15 所示，然后添加允许条目，如图 19-16 所示。

图 19-15　编辑功能设置

图 19-16　添加允许限制规则

（5）对默认站点进行测试。在 Windows 10 客户端中进行访问测试，启动 Edge 浏览器，在地址栏中输入 "home.abc.com"，然后按 Enter 键，如图 19-17 所示。

图 19-17　内部网站访问测试

19.5　配置外网虚拟 Web 主机

在 Server-Web 服务器上配置外网虚拟 Web 主机。

1）创建目录结构并添加主页文件

（1）在 D 盘根目录下建立如图 19-18 所示的目录结构。

图 19-18　新建站点目录和文件

（2）主页文件内容自拟。

2）新建 Web 站点

（1）启动 IIS 管理器，添加一个站点，站点名设置为 "外网"。

（2）设置主目录。主目录设置为 "D:\www_root"，"绑定" 设置如图 19-19 所示。

3）外网站点访问测试

在 Windows 10 系统中进行访问测试，启动 Edge 浏览器，在地址栏中输入 "www.abc.com"，然后按 Enter 键，如图 19-20 所示。

图 19-19　添加外部站点

图 19-20　访问外网站点

19.6　FTP 服务器配置

在 Server-FTP 服务器上配置 FTP 服务器。

FTP 服务器主要用来共享一些公司办公用的非涉密文件以供员工下载。所以员工只有下载权限。在服务器上设置一个管理员账号 admin 用于上传各种文件。admin 用户的密码暂设为"000000"。

1）创建目录结构并添加测试文件

在 D 盘根目录下建立如图 19-21 所示的目录和文件结构。

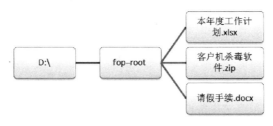

图 19-21　FTP 主目录目录结构

2）添加 FTP 角色和用户

（1）在服务器上添加 FTP 服务器角色。

（2）在服务器上添加一个 admin 用户，无须修改用户组，保留默认的"Users"普通用户组即可。密码自拟，记录设置的密码_____。

3）配置 FTP 服务器

（1）添加 FTP 站点，并设置主目录。启动 IIS 管理器，添加一个 FTP 站点。站点名称为"公司 FTP 服务器"，站点物理路径设置为"D:\ftp_root"。

（2）配置站点绑定。"绑定"设置如图 19-22 所示，因为不需要一台服务器架设多个 FTP 站点，所以无须启用虚拟主机名。

计算机网络基础与应用（实验指南）

图 19-22　"绑定"设置

（3）设置身份验证方式。勾选"匿名"和"基本"复选框，如图 19-23 所示。但是访问策略需要站点建成后再进一步明确。

图 19-23　身份验证和授权信息

继续完成添加 FTP 站点向导。

（4）配置 IP 地址和域限制。在 IIS 管理器中选中上面添加的 FTP 站点"公司 FTP 服务器"，在中间功能视图中双击"FTP IP 地址和域限制"图标，参考内部 Web 站点设置 IP 地址限制的方法，设置未指定的客户端一律拒绝访问，添加内网网络"172.16.16.0/24"的访问许可。这样就禁止了外网用户对公司内部 FTP 服务器的访问，提高了文件的安全性。

（5）配置 FTP 授权规则。在 IIS 管理器的功能视图中双击"FTP 授权规则"图标，添加访问用户并进行权限设置。

选择窗口右侧"操作"窗格中的"添加允许授权规则"选项，如图 19-24 所示的对话框中，选中"所有匿名用户"单选按钮，并将"权限"设置为"读取"；

重复上一步骤，如图 19-25 所示，添加 FTP 服务器管理员"admin"的允许访问授权。

图 19-24　添加匿名用户的允许访问授权　　　图 19-25　添加 admin 用户的允许访问授权

4）FTP 测试

在 Windows 10 客户端上进行 FTP 访问测试。

（1）匿名用户访问测试。

在 Windows 10 客户端资源管理器的任务栏中输入"ftp://ftp.abc.com"，记录实验测试结果_____

_____。

在别处复制任意文件，然后在这个窗口中粘贴，进行上传测试。记录测试结果_____

_____。

（2）用户 admin 访问测试。

在窗口空白处单击鼠标右键，在弹出的快捷菜单中选择"登录"选项。在"登录"对话框中输入用户名"admin"，密码为刚才记录的密码，然后进行登录。

再次进行粘贴测试，这次发现被复制的文件顺利上传，如图 19-26 所示，说明"admin"用户是有上传权限的。

图 19-26　admin 用户可以上传文件

【注意事项】

1）除了 Web 服务器，FTP 服务器也支持虚拟主机，其配置方法和虚拟 Web 主机类似。

2）DNS 服务器必须连接互联网，因为 DNS 系统是一个分布式系统，每个 DNS 服务器的信息只是这个分布式数据库的一部分。通过连接互联网，所有 DNS 服务器可以协同工作，共同构成庞大的互联网域名系统。

3）在大型 Web 服务器系统中，往往需要多台服务器，然后进行负载均衡。使用 DNS 服务器进行第一级负载均衡是一种简便易行的负载均衡策略。DNS 服务器进行负载均衡的方法是让同一个主机名指向不同的 IP 地址，不同的客户端在请求解析相同域名时会被 DNS 服务器解析到不同的 IP 地址，对此客户端是毫不知情的。

【项目拓展】

1）在 Server-Web 上架设两个虚拟 FTP 服务器，其功能是远程更新外网和内网的文件。

这两个虚拟 FTP 站点的主机名分别设置为"ftp_out.abc.com"和"ftp_in.abc.com"，其主目录分别设置为"D:\www_root"和"D:\home_root"。添加两个 Windows 用户"admin_out"和"admin_in"，用来管理两个 FTP 服务器的内容，并分别授予这两个用户对两个 FTP 站点的读取和写入权限。为了安全起见，禁止匿名用户的访问。

最后进行网站文件的更新测试。

2）使用 DNS 实现网站的负载均衡

为了满足公司 Web 服务器的性能需求，架设了 3 台 Web 服务器，共同为外网用户提供服务。这 3 个 Web 服务器使用相同的域名"www.abc.com"，但是这 3 台 Web 服务器的 IP 地址不同，分别为 172.16.16.10、172.16.16.20 和 172.16.16.30。在 DNS 服务器上设置正确的解析记录，实现外网 Web 站点负载均衡，其网络拓扑结构如图 19-27 所示。

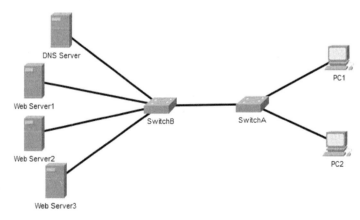

图 19-27　DNS 实现网站负载均衡的拓扑图

【实践评价】

班　级		学　号		姓　名				
实验地点		实验日期		成绩评定	A	B	C	D
实验目的								
实验过程记录								
实验结果描述								
总结体会及注意事项								

❃ 实验项目 20　使用 Windows 防火墙保护个人计算机 ❧

【预备知识】

在计算机网络中，防火墙是一种高级访问控制设备，是在被保护网和外网之间执行访问控制策略的一系列部件的组合，是不同网络安全域间通信流的通道，能根据有关安全政策控制（允许、拒绝、监视、记录）进出网络的访问行为，从而保证内部网络安全。防火墙是网络的第一道防线，本质上是一种保护装置，在两个网之间构筑了一个保护层。所有进出的传播信息都必须经过此保护层，并在此接受检查和连接，只有被授权的通信才允许通过，从而使被保护网和外部网在一定意义上被隔离，以防止非法入侵和破坏行为。防火墙的功能有两个，即阻止和允许。"阻止"就是过滤某种类型的通信量通过防火墙（从外部网络到内部网络，或反过来）；"允许"的功能与"阻止"恰好相反。

防火墙按软件和硬件形式分为软件防火墙、硬件防火墙及芯片级防火墙。Windows 防火墙就是软件防火墙，又称 Internet 连接防火墙，是保护系统安全的第一道屏障。一般来说，关闭 Windows 防火墙会导致一些程序能够自由联网。因此，一般情况下建议用户启动 Windows 防火墙。

【实验目的】

1）了解防火墙在网络安全防护中的作用。

2）了解 Windows 10 防火墙的基本配置。

3）能够分析和排除简单的网络安全故障。

【背景描述】

小希同学的计算机时常出现一些系统安全威胁现象，严重影响了计算机的正常运行。现通过 Windows 防火墙和杀毒软件来保护个人计算机。

【实验设备】

安装 Windows 10 专业版操作系统的个人计算机 1 台。

【实验内容及步骤】

20.1　防火墙的启动和基本配置

1）现在的 Windows 防火墙设置相对简单，普通用户根据提示说明基本可以独立完成防火墙的设置。在 Windows 10 操作系统中，选择"开始"→"设置"，并选择"网络和 Internet"选项，在弹出的对话框右侧窗格中找到"Windows 防火墙"功能。打开"Windows 安全中心"窗口，如图 20-1 所示。通过该窗口可以控制"域网络"、"专用网络"、"公用网络"、"允许应用通过防火墙"、"防火墙通知设置"、"高级设置"和"将防火墙还原为默认设置"等。

2）关闭公用网络的防火墙

选择"公用网络"选项，如图 20-2 所示，可以开启或关闭公用网络防火墙。单击"Windows Defender 防火墙"下面的开关，即可关闭公用网络防火墙。

图 20-1　"Windows 安全中心"窗口　　　　图 20-2　公用网络的防火墙启动和关闭界面

3）用相同的方法可关闭"域网络"和"专用网络"的防火墙。

20.2　防火墙的高级设置

1）Windows 防火墙最主要的功能：一是程序访问控制；二是防火墙高级设置，如端口控制设置。程序访问控制是指通过对防火墙进行设置，可以允许某些程序通过防火墙，或者阻止其通过。具体步骤是单击"允许应用通过 Windows Defender 防火墙进行通信"链接，在弹出的窗口中设置相关允许或阻止，如图 20-3 所示，可以对程序进行删除和添加。

图 20-3　"允许应用通过 Windows Defender 防火墙进行通信"窗口

2）对于 Windows 10 操作系统的高级用户来说，要想把防火墙设置得更全面、详细，Windows 还提供了高级设置控制台，在这里可以为不同网络类型的配置文件进行设置，包括"入站规则"、"出站规则"和"连接安全规则"等，如图 20-4 所示。

图 20-4   "高级安全 Windows Defender 防火墙"窗口

3）允许或禁止本地端口访问配置

选中"入站规则"，单击鼠标右键，在弹出的快捷菜单中选择"新建规则"选项，弹出"新建入站规则向导"对话框，如图 20-5 所示。

（1）规则类型。选择要创建的防火墙规则类型，选中"端口（O）"单选项，单击"下一步"按钮。

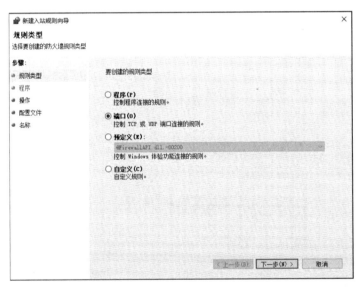

图 20-5   "新建入站规则向导"对话框

（2）协议和端口。指定此规则应用的协议和端口，选择类型"TCP"或"UDP"单选项，选中"特定本地端口（S）"单选项，输入要允许或禁止的本地端口号，如"8080"，如图 20-6 所示，单击"下一步"按钮。

图 20-6 特定端口设置

（3）操作。在连接与规则中指定条件相匹配时要执行的操作。如图 20-7 所示，选中"允许连接"、"只允许安全连接"和"阻止连接"单选项中的一项。如果端口入站规则的缺省规则是"允许"，那么选择"阻止连接"则表示关闭该端口。如果端口入站规则的缺省规则是"阻止"，那么选择"允许连接"则表示开启该端口，单击"下一步"按钮。

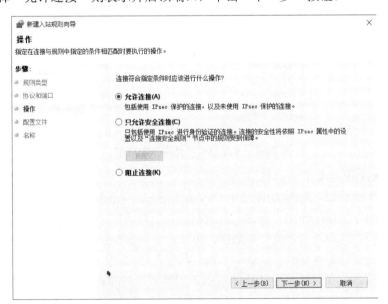

图 20-7 允许连接和阻止连接的设置

（4）配置文件。指定此规则应用的配置文件，如图 20-8 所示，单击"下一步"按钮。

（5）名称。指定此规则的名称，输入规则名称为"允许 8080 端口"，单击"完成"按钮，即可完成允许 8080 端口入站规则设置，如图 20-9 所示，在规则上双击可以继续修改。

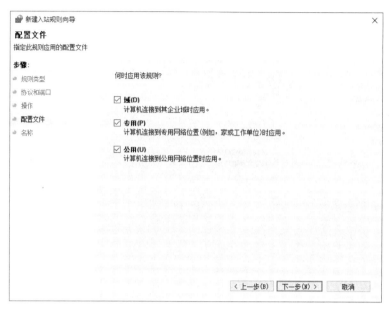

图 20-8　配置文件设置

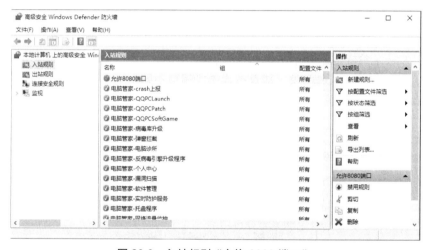

图 20-9　入站规则"允许 8080 端口"

4）阻止或允许 IP 地址的访问权限

操作与上述步骤类似，见图 20-4 选中"入站规则"，单击鼠标右键，在弹出的快捷键菜单中选择"新建规则"选项，弹出"新建入站规则向导"对话框，见图 20-5。

（1）规则类型。选中"自定义"单选项，单击"下一步"按钮。

（2）程序。在打开的对话框中，选中"所有程序"单选项，单击"下一步"按钮。

（3）协议和端口。在对话框中选择此规则应用哪些端口和协议，这里选择默认选项，单击"下一步"按钮。

（4）作用域。设置该规则应用于哪些本地 IP 地址和哪些远程 IP 地址，这里添加本地 IP 地址为"192.168.3.3"，远程 IP 地址为"210.31.208.8"，如图 20-10 所示，单击"下一步"按钮。

（5）操作。与图 20-7 类似，选择"允许连接"和"只允许安全连接阻止连接"单选项中的一项，单击"下一步"按钮。

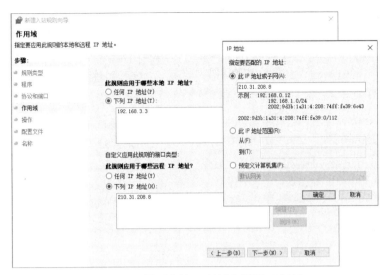

图 20-10 设置本地 IP 地址和远程 IP 地址

（6）配置文件。选择何时应用该规则，如勾选"域"、"专用"和"公用"3 个复选框，单击"下一步"按钮。

（7）名称。输入规则名称，单击"完成"按钮，即可完成限制或允许 IP 地址的访问权限。

目前，很多计算机用户由于缺乏计算机安全知识，仅依靠一些免费的杀毒软件是不能提供防火墙保护功能的。可以使用 Windows 10 系统自带的防火墙，为自己的系统增加一层保护，有效地抵御一些网络威胁。

【注意事项】

1）规则设置非常重要。若防火墙设置不当，不但会导致阻止网络恶意攻击效果不佳，还可能阻挡用户正常访问 Internet。

2）Windows 防火墙可以保护个人计算机系统，但不能有效防范病毒入侵。因此，还需要配合杀毒软件一起来保护个人计算机。

【项目拓展】

通过 Windows 防火墙设置，启用和禁用 ping 命令。

【实践评价】

班　级		学　号		姓　名				
实验地点		实验日期		成绩评定	A	B	C	D
实验目的								
实验过程记录								
实验结果描述								
总结体会及注意事项								

21.1 认识计算机网络

【例1】通过中心节点完成集中控制的网络拓扑结构是（　　）。

A．树状拓扑　　　　　B．网状拓扑　　　　　C．星状拓扑　　　　　D．环状拓扑

【解析】在树状拓扑结构中，节点按层次进行连接，数据在上、下层节点之间交换。在网状拓扑结构中，节点之间的连接是任意的，没有规律可循。在星状拓扑结构中，网络中的各节点通过点到点的方式连接到一个中央节点（又称中央转接站，一般是集线器或交换机）上，由该中央节点向目的节点传送信息。在环状拓扑结构中，节点通过点对点线路连接成闭合环路。

【参考答案】C

【例2】下列关于城域网的描述中，错误的是（　　）。

A．用于城市范围内局域网之间的互联　　　B．可支持语音、视频、数据等多种业务

C．通常以卫星信道作为骨干传输线路　　　D．接入网是用户接入城域网的主要途径

【解析】城域网通常以光纤作为骨干传输线路。

【参考答案】C

【例3】下列关于网络拓扑结构特点的描述中，错误的是（　　）。

A．环状拓扑通过点对点线路构成环路　　　B．星状拓扑的可靠性"瓶颈"在中心节点

C．树状拓扑按层次组织节点的连接关系　　　D．网状拓扑的主要优点是传输延时固定

【解析】网络拓扑结构主要有总线型拓扑、星状拓扑、环状拓扑、树状拓扑、网状拓扑 5 种。在星状拓扑结构中，节点是通过点对点线路与中心节点连接的，中心节点是整个网络的可靠性"瓶颈"；在环状拓扑结构中，节点是通过点对点线路连接成闭合环路的；在树状拓扑结构中，节点是按层次进行连接的；在网状拓扑结构中，节点之间的连接是任意的，没有规律，主要优点是系统可靠性高。

【参考答案】D

【例4】下列关于对等网的描述中，错误的是（　　）。

A．可通过直接交换方式共享主机资源　　　B．成员分为客户端和服务器

C．BT（Bit Torrent）是其典型的应用之一　　　D．对等网又称工作组网络

【解析】对等网（Peer to Peer，P2P）可通过直接交换方式共享主机资源，对等网中的所有节点都是平等的，没有客户端和服务器之分，整个网络一般来说不依赖于专用的集中服务器。BT（BitTorrent，比特洪流）、Skype 、PPLive、Napster 等是其典型应用。

【参考答案】B

【例5】在计算机网络分类中，覆盖范围最大的网络类型是（　　）。

A．LAN　　　　　B．VLAN　　　　　C．MAN　　　　　D．WAN

【解析】在计算机网络分类中，覆盖范围由小到大依次为：局域网（Local Area Network，LAN），城域网（Metropolitan Area Network，MAN），广域网（Wide Area Network，WAN）。虚拟局域网（Virtual Local Area Network，VLAN）是在物理网络拓扑结构上建立逻辑网络。

【参考答案】D

【例6】从网络设计者角度来看，Internet 是一种（　　）。

A．互联网　　　B．信息资源网　　　C．城域网　　　　　D．局域网

【解析】从网络设计者角度来看，Internet 是一种互联网。从使用者的角度来看，Internet 又是一个信息资源网。

【参考答案】A

【例7】下列关于网络拓扑的描述中，正确的是（　　）。

A．网状拓扑结构复杂　　　　　　　B．树状拓扑是总线型拓扑的扩展

C．环状拓扑存在中心节点　　　　　D．星状拓扑不存在中心节点

【解析】网状拓扑结构，它的安装复杂，但系统可靠性高，容错能力强。树状拓扑是星状拓扑的扩展，其优点是易于扩展，易于隔离故障。环状拓扑结构由网络中若干节点通过点到点的链路首尾相连形成一个闭合的环，数据在环路中沿着一个方向在各个节点间传输，信息从一个节点传到另一个节点，因此不存在中心节点。星状拓扑结构是指各工作站以星状方式连接成网，网络有中心节点，其他节点（工作站、服务器）都与中央网络拓扑节点直接相连，这种结构以中央节点为中心，因此又称为集中式网络。

【参考答案】A

【例8】在以下计算机网络中，覆盖范围最小的网络类型是（　　）。

A．广域主干网　　　　B．高速局域网　　　　C．个人区域网　　　　D．宽带城域网

【解析】计算机网络按照覆盖范围由小到大排序依次为：个人区域网，高速局域网，宽带城域网和广域主干网。

【参考答案】C

【例9】在以下国际组织中，制定 OSI 参考模型的是（　　）。

A．ISO　　　　　　B．IEEE　　　　　C．IETF　　　　　D．ITU

【解析】国际标准化组织（International Organization for Standardization，ISO），该组织机构制定了开放系统互联模型（Open System Interconnection，OSI）。美国电气和电子工程师协会（Institute of Electrical and Electronics Engineers，IEEE）是一个国际性的电子技术与信息科学工程师协会，是世界上最大的专业技术组织之一。Internet 工程任务组（The Internet Engineering Task Force，IETF），又叫互联网工程任务组，是全球互联网最具权威的技术标准化组织，主要任务是负责互联网相关技术规范的研发和制定，当前绝大多数国际互联网技术标准均出自 IETF。国际电信联盟（International Telecommunications Union，ITU）是主管信息通信技术事物的联合国机构，也称"国际电联"。

【参考答案】A

【**例 10**】对计算机网络发展具有重要影响的广域网是（　　　）。

A．Ethernet　　　　　　B．ARPANET　　　　　C．Token Ring　　　　D．Token Bus

【**解析**】Ethernet 是一种应用最为广泛的局域网（LAN）技术。ARPANET 为美国国防高等研究计划署开发的世界上第一个运营的分组交换网络，它是全球互联网的始祖。该网络的诞生通常被认为是网络传播的"创世纪"。Token Ring 即令牌环网，它是一种局域网协议，定义在 IEEE 802.5 中，其中所有的工作站都连接到一个环上，每个工作站只能同直接相邻的工作站传输数据。Token Bus 即令牌总线网，它是一个使用令牌通过接入一个总线型拓扑的局域网架构，是传统的共享介质局域网的一种。

【**参考答案**】B

【**例 11**】如果计算机网络发送 1bit 数据所用的时间为 10^{-7}s，那么它的数据传输速率为（　　　）。

A．10Mbit/s　　　　　　B．100Mbit/s　　　　　C．10Gbit/s　　　　　D．1Gbit/s

【**解析**】数据传输速率=1bit/10^{-7}s=10^7bit/s=10Mbit/s。

【**参考答案**】A

【**例 12**】2.5×10^{-12}bit/s 的数据传输速率可以表示为（　　　）。

A．2.5Kbit/s　　　　　　B．2.5Mbit/s　　　　　C．2.5Gbit/s　　　　　D．2.5Tbit/s

【**解析**】常用数据传输速率单位之间的关系：1Tbit/s=10^3Gbit/s=10^6Mbit/s=10^9Kbit/s= 10^{12}bit/s。

【**参考答案**】D

21.2 认识网络数据通信

【例 1】 以太网采用的信道传输方式是（　　　）。

A．基带传输　　　　B．频带传输　　　　C．宽带传输　　　　D．模拟传输

【解析】 基带是指未经处理的原始信号所占的频率范围，这种原始信号称为基带信号，这种不经过调制和编码的数字脉冲信号直接在信道上传输的方式称为基带传输，又称数字传输。以太网就是典型的基带传输。频带传输又称模拟传输，利用模拟信道传输数据信号的方法称为频带传输。数据通信时，首先将数字信号调制成模拟信号再进行发送和传输，到达接收端时再把模拟信号解调成原来的数字信号。

【参考答案】 A

【例 2】 下列关于数据报交换技术的描述中，错误的是（　　　）。

A．数据报交换是一种存储转发交换　　B．发送至同一节点的分组可能经不同路径传输

C．发送分组前不需要预先建立连接　　D．分组不需要带有源地址和目标地址目标地址

【解析】 分组交换技术可以分为两类，即数据报和虚电路。其中，数据报是报文分组存储转发的一种形式，源主机发送的每个分组都可以独立选择一条路径到达目标地址。数据报分组交换技术的特点是同一报文的不同分组可以由不同的传输路径通过通信子网；同一报文的不同分组到达目的节点时可能会出现乱序、重复和丢失现象；每个分组在传输过程中都必须带有目标地址和源地址，用于中间节点的路由工作。数据报方式传输延迟较大，适用于突发性的通信，不适用于长报文、会话式的通信。

【参考答案】 D

【例 3】 如果数据传输速率为 10Gbit/s，那么它可以等价表示为（　　　）。

A．1000Kbit/s　　　B．10000Kbit/s　　　C．1000Mbit/s　　　D．10000Mbit/s

【解析】 网络传输速率为 10Gbit/s=10×1000 Mbit/s=$10 \times 1000 \times 1000$Kbit/s。

【参考答案】 D

【例 4】 如果数据传输速率为 10Gbit/s，那么发送 10bit 需要用（　　　）。

A．10^{-6}s　　　B．10^{-9}s　　　C．10^{-12}s　　　D．10^{-15}s

【解析】 10Gbit/s=10×10^9bit/s。由数据传输速率计算公式 S=1/T 可知，传输 1bit 所需的时间为 T=1/s，那么，发送 10bit 所需的时间就是 $10 \times 1/s = 10/10 \times 10^{-9}$s=$10^{-9}$s。

【参考答案】 B

【例 5】 下列关于误码率的描述中，错误的是（　　　）。

A．误码率是衡量数据传输系统非正常工作状态下传输可靠性的参数

B．误码率越低，数据传输系统性能越优

C．在实际数据传输系统中，如果传输的不是二进制码元，计算时要折合成二进制码元

D．被测量的传输二进制码元越大，误码率越接近真实值

【解析】 误码率是衡量数据传输系统正常工作状态下传输可靠性的参数。

【参考答案】 A

【例 6】 数据传输速率为 10Gbit/s 的局域网，每秒可以发送的比特数是（　　　）。

A．1×10^6　　　B．1×10^9　　　C．1×10^{12}　　　D．1×10^{10}

【解析】10Gbit/s=10×10⁹bit/s。由数据传输速率计算公式 S=1/T 可知，传输 1bit 所需的时间为 T=1/S，那么，发送 10bit 所需的时间就是 10×1/S=10/10×10⁻⁹s=10⁻⁹s。

【参考答案】B

【例 7】下列关于虚电路的描述中，错误的是（　　　）。

A．分组到达目的节点不会出现丢失、重复和乱序现象

B．虚电路是专用的

C．虚电路在传输分组时建立逻辑连接

D．分组经过虚电路的节点时，节点不需要进行路由选择

【解析】虚电路方式主要有以下几个特点：（1）在分组传输之前，需要在源主机与目标主机之间建立一条虚电路；（2）一次通信的所有分组都通过虚电路顺序发送，每个分组不必带目标地址、源地址等信息；（3）分组到达目的节点时不会出现丢失、重复与乱序的现象；（4）分组通过虚电路上的每个节点时，节点只需要进行差错校验，不需要进行路由选择；（5）通信子网中的每个节点可以与任何节点建立多条虚电路连接，即共享物理链路。

【参考答案】B

【例 8】下列关于数据报交换方式的描述中，错误的是（　　　）。

A．报文传输前，在源节点和目的节点之间建立虚电路

B．同一报文的不同分组可以经过不同的路径传输

C．同一报文的每个分组均需要携带目标地址信息

D．同一报文的不同分组可能不按顺序到达目的节点

【解析】数据报方式具有以下几个特点：（1）同一个报文的不同分组可以经过不同传输路径通过通信子网；（2）同一个报文的不同分组到达目的节点时可能会出现乱序、重复和丢失的现象；（3）每个分组在传输过程中都必须带有目标地址和源地址，因此开销较大；（4）数据报方式的传输延迟较大，适用于突发性通信，不适用于长报文、会话式通信。

【参考答案】A

【例 9】数字信号利用 4 种有效状态传输 10000000 位信息位，因噪声导致 1 位出错，则误比特率是多少，误码率是多少？

【解答】误比特率 Pb=1/100000000=10⁻⁷

根据题意可知，利用 4 种有效状态传输时一个码元携带 2 位信息，故传输 10000000 位信息共需要 5000000 个码元，1 位信息出错也就是 1 个码元出错，故误码率 Pe=1/5000000=2×10⁻⁷。

21.3 计算机网络体系结构

【例1】 ISO 在网络体系结构方面取得的最重要成果是（　　）。

A. 组建 ARPANET 网   B. 制定 TCP 协议

C. 制定 OSI 参考模型   D. 开展 WSN 研究

【解析】 开放系统互联参考模型 OSI/RM（Open System Interconnection/Reference Model, OSI 参考模型）是 ISO 为了解决网络之间的兼容性问题，实现网络设备间的相互通信而提出的标准框架。

【参考答案】 C

【例2】 IP 是指网际协议，它对应于开放系统互联参考模型 OSI 七层中的（　　）。

A. 物理层   B. 数据链路层   C. 传输层   D. 网络层

【解析】 IP 协议工作于 OSI 参考模型的网络层。

【参考答案】 D

【例3】 以下关于 OSI 网络层次模型的划分原则描述不正确的是（　　）。

A. 网络中各节点都具有不同的层次   B. 不同的节点相同的层具有相同的功能

C. 同一节点内相邻的层之间通过接口通信   D. 每层使用下层提供的服务

【解析】 在 OSI 模型中，终端主机的每一层都与另一方的对等层进行通信，但是这种通信并不是直接进行的，而是通过下一层为其提供的服务来间接实现对等层通信的。所以，协议是水平的（对等层之间的通信由该层协议负责管理，每一层使用自己的协议，只处理本层事务，与其他层次无关）；服务是垂直的（每一层利用下层提供的服务为上层服务，相邻层之间通过层间的接口通信）。网络中各节点都具有相同的层次。

【参考答案】 A

【例4】 下列关于 TCP/IP 参考模型的描述中，错误的是（　　）。

A. 出现于 TCP/IP 协议之后   B. 比 OSI 参考模型的层次少

C. 网络层处理的数据是 IP 分组   D. 传输层实现路由选择功能

【解析】 在 TCP/IP 协议出现之后才出现 TCP/IP 参考模型，TCP/IP 参考模型只有四个层次，比 OSI 参考模型少了三个层次。其中，网络层负责将源主机生成的分组发送到目标主机，实现路由选择功能，传输层的主要目的是实现不同应用进程之间的端到端通信。

【参考答案】 D

【例5】 在 OSI 参考模型中，提供路由选择功能的层次是（　　）。

A. 物理层   B. 会话层   C. 网络层   D. 表示层

【解析】 OSI 模型主要有七层，从低到高依次是：物理层、数据链路层、网络层、传输层、会话层、表示层、应用层。其中，物理层的主要功能是利用物理传输介质，为数据链路层提供物理连接，以便透明地传输比特流。数据链路层实现相邻节点间可靠传输数据帧。网络层需要实现路由选择、拥塞控制与网络互联等功能。传输层负责端到端的数据传输。会话层主要用于组织两个会话进程之间的通信，并且对数据交换进行管理。表示层主要处理不同通信系统中交换的信息的表示方式。应用层为用户提供服务。

【参考答案】 C

【例 6】在网络协议的三要素中，定义控制信息格式的是（　　）。

A．语法　　　　　　B．时序　　　　　　C．层次　　　　　　D．端口

【解析】网络协议用来描述进程之间进行数据交换时的规则。网络协议是由语义、语法和时序三个要素组成的，其中语法指用户数据与控制信息的结构与格式；语义指需要发送何种控制信息，以及完成的动作与所做的响应；时序指对时间实现顺序的详细说明。

【参考答案】A

【例 7】在 TCP/IP 参考模型中，与 OSI 参考模型的网络层对应的是（　　）。

A．汇聚层　　　　　　B．传输层　　　　　　C．网络层　　　　　　D．应用层

【解析】OSI 参考模型定义了网络互联的七层框架（物理层、数据链路层、网络层、传输层、会话层、表示层和应用层）。TCP/IP 参考模型中定义了四层模型（网络接口层、网络层、传输层、应用层）。主机接口层对应于 OSI 参考模型的物理层及数据链路层；网络层对应于 OSI 参考模型的网络层；传输层对应于 OSI 模型的传输层；应用层对应于 OSI 模型的应用层、表示层和会话层。

【参考答案】C

【例 8】下列关于 OSI 参考模型各层功能的描述中，错误的是（　　）。

A．物理层实现比特流传输　　　　　　B．网络层实现介质访问控制

C．传输层提供端到端服务　　　　　　D．应用层提供各种网络应用

【解析】OSI 参考模型中从低到高依次是物理层、数据链路层、网络层、传输层、会话层、表示层、应用层。物理层的主要功能是利用物理传输介质为数据链路层提供物理连接，以便透明地传送比特流。数据链路层将数据分帧，并处理流控制，以实现介质访问控制。网络层实现路由选择、拥塞、控制与网络互联等功能。传输层为会话层用户提供一个端到端的可靠、透明和优化的数据传输服务机制。应用层为用户提供服务。

【参考答案】B

【例 9】下列关于网络协议的描述中，错误的是（　　）。

A．由语法、语义与时序三个要素组成　　　B．组织方式经常采用层次结构模型

C．是为网络数据交换制定的规则与标准　　　D．语法是对事件实现顺序的说明

【解析】网络协议用来描述进程之间进行数据交换时的规则和标准。网络协议是由语义、语法和时序三个要素组成的。大多数网络都采用分层的体系结构，每一层都建立在其下层之上，向上一层提供一定的服务，而把如何实现这个服务的细节对上一层加以屏蔽。语法是用户数据和控制信息的结构与格式及数据出现的顺序。

【参考答案】D

【例 10】下列关于 OSI 模型层次划分原则的描述中，正确的是（　　）。

A．不同节点的同等层具有相同的功能　　　B．网络中各节点都需要采用相同的操作系统

C．高层需要知道底层功能是如何实现的　　　D．同一节点内相邻层之间通过对等协议通信

【解析】OSI 参考模型的层次划分原则：网络中各节点都具有相同的层次，不同节点的同等层具有相同的功能，同一节点内相邻层之间通过接口通信，每一层使用下层提供的服务，并向上层提供服务，不同节点的同等层按照协议实现对等层之间的通信。

【参考答案】A

21.4　网络传输介质与综合布线基础

【例1】下列描述不正确的是（　　　）。

A．局域网使用的双绞线可以分为两类，屏蔽双绞线与非屏蔽双绞线

B．从抗干扰性能的角度，屏蔽双绞线与非屏蔽双绞线基本相同

C．双绞线由具有绝缘保护层的 2 对 4 芯组成，每两条相互绝缘的导线按照一定的规格互相缠绕在一起

D．5 类 UTP 的传输距离是 200m

【解析】双绞线分为屏蔽双绞线与非屏蔽双绞线，屏蔽双绞线（STP）传输速率高、安全性好、抗干扰能力强、价格较高，但安装较困难。非屏蔽双绞线（UTP）的优点是重量轻、成本低、易弯曲，安装方便，但传输距离一般不超过 100m。

【参考答案】B

【例2】在下列传输介质中，不受电磁干扰或噪声影响的是（　　　）。

A．双绞线　　　　　　B．通信卫星　　　　C．同轴电缆　　　　D．光纤

【解析】由于光纤传输光信号，且传输速率高，抗干扰能力强，具有良好的保密性能，适合长距离传输，广泛被用于局域网骨干通道和广域网长距离传输。双绞线、同轴电缆和通信卫星属于电信号传输，都会受到电磁干扰。

【参考答案】D

【例3】下列（　　　）是 EIA/TIA 568 B 的标准线序。

A．橙、白橙、蓝、白蓝、绿、白绿、棕、白棕

B．白橙、橙、白绿、蓝、白蓝、绿、白棕、棕

C．白绿、绿、白橙、蓝、白蓝、橙、白棕、棕

D．白绿、绿、白橙、橙、白蓝、蓝、白棕、棕

【解析】EIA/TIA 568A 的标准线序为白绿、绿、白橙、蓝、白蓝、橙、白棕、棕。EIA/TIA 568B 的标准线序为白橙、橙、白绿、蓝、白蓝、绿、白棕、棕。

【参考答案】B

【例4】两台计算机通过网卡使用（　　　）直接互联实现通信。

A．交叉线　　　　　　　　　　　B．直通线

C．交叉线和直通线都可以　　　　D．同轴电缆

【解析】直通线两端都遵循相同的标准，即都为 568A 标准或都为 568B 标准。一般情况下，两端都采用 T568B 标准。直通线使用的场合包括计算机（终端）——交换机（或集线器），路由器——交换机。交叉线一端遵循 568A 标准，另一端遵循 568B 标准。交叉线使用场合包括计算机——路由器、计算机——计算机、路由器——路由器和交换机（或集线器）——交换机（或集线器）。

【参考答案】A

【例5】下列关于无线传输介质的描述中，错误的是（　　　）。

A．常见的无线传输介质包括无线电波、微波和红外线

B．微波通信主要有地面微波接力通信和卫星通信两种

C．红外线适合短距离直视传输

D．在微波接力通信中相邻站之间的通信可以穿透障碍物

【解析】常见的无线传输介质包括无线电波、微波和红外线。微波通信主要有两种方式：地面微波接力通信和卫星通信。红外线适合短距离直视通信，功能单一，可扩展性差，无法穿透墙体，一般使用于室内。微波接力通信需要大量的中继站，相邻站之间必须直视，不能有任何障碍物。

【参考答案】D

【例6】下列关于双绞线传输介质的描述中，错误的是（　　　　）。

A．5类UTP比3类UTP具有更高的绞合密度

B．双绞线中传送的光信号不会受到外界干扰

C．双绞线绞合的目的是降低信号干扰

D．双绞线是一种常用的传输介质

【解析】双绞线是一种常用的传输介质，传输的是电信号。双绞线中的两根绝缘隔离的铜导线按一定密度相互绞和在一起，可降低信号干扰的程度，每一根导线在传输中辐射的电波都会被另一根线上发出的电波抵消。不同线对具有不同的扭绞长度，能够较好地降低信号的干扰辐射。

【参考答案】B

【例7】下列传输介质中，传输速率最高的是（　　　　）。

A．双绞线　　　　　　　B．光纤　　　　　　C．同轴电缆　　　　　D．无线电波

【解析】光纤传输容量大、频带宽、误码率低、速率高，非常适合作为主干网络的传输介质。它的最高速率可达10Gbit/s。

【参考答案】B

【例8】下列关于综合布线系统的描述中，错误的是（　　　　）。

A．STP比UTP的抗电磁干扰能力强

B．管理子系统提供与其他子系统连接的手段

C．对于建筑群子系统来说，架空布线是最理想的方式

D．对高速率终端用户可直接铺设光纤到桌面

【解析】架空布线是通过电线杆支撑电缆在建筑物之间悬空。如果原先有电线杆，则这种布线方法成本就会较低，但影响美观，且保密性、安全性和灵活性差，因而不是理想的布线方法。

【参考答案】C

【例9】在建筑群布线子系统所采用的铺设方式中，能够对线缆提供最佳保护方式的是（　　　　）。

A．巷道布线法　　　　B．架空布线法　　　　C．直埋布线法　　　　D．地下管道布线法

【解析】巷道布线法：在建筑群环境中，建筑物之间通常有地下巷道。利用这些巷道来铺设电缆，不仅造价低，而且可利用原有的安全设施。架空布线法：利用原有的电线杆布线，这种布线方法成本较低，但是保密性、安全性和灵活性较差，因而不是一种理想的布线方式。直埋布线法：该方法除了穿过基础墙部分电缆外，电缆的其余部分都没有管道保护，容易受到破坏。地下管道布线法：由管道和入孔组成的地下系统，用来对网络内的各建筑物进行互联。由

于管道是由耐腐蚀材料做成的，所以这种方法对电缆提供了最好的机械保护。

【参考答案】D

【例10】综合布线系统采用 4 对非屏蔽双绞线作为水平干线，若大楼内共有 100 个信息点，则建设该系统一般需要购买（   ）个水晶头。

A．200   B．230   C．400   D．460

【解析】计算水晶头数量：$M=n\times4+n\times4\times15\%$，其中，M 是 RJ-45 接头的总需求量，$n$ 是信息点的总量，$n\times4\times15\%$ 表示水晶头留有的富余量，即 $100\times4+100\times4\times15\%=460$。

【参考答案】D

21.5　局域网基础

【例1】决定局域网技术特性的有（　　　）。

A．应用软件、通信机制与安全机制　　　　B．协议类型、层次结构与传输速率

C．网络拓扑、传输介质与介质访问控制方法　　D．传输速率、误码率与覆盖范围

【解析】一般说来，决定局域网技术特性的主要有网络拓扑、传输介质和介质访问控制方法三个方面。这三个方面在很大程度上决定了传输数据的类型、网络的响应时间、吞吐量、利用率及网络应用等。其中，最重要的是介质访问控制方法。

【参考答案】C

【例2】关于共享介质局域网的描述中，正确的是（　　　）。

A．在网络中可建立多条并发连接　　　　　B．采用广播方式发送数据帧

C．介质访问控制方法可完全避免冲突　　　D．在逻辑上可以采用网状结构

【解析】局域网从介质访问控制方式的角度可以分为共享介质局域网与交换局域网。共享介质局域网中所有的节点共享一条公共的传输介质，通过广播的方式发送数据帧，并采用CSMA/CD（载波侦听多路访问/冲突避免）方法解决冲突问题，连接在总线上的所有节点都能"收听"到数据。由于所有节点都可以利用总线发送数据，并且在网络中没有控制中心，隐藏冲突的发生将不可避免。

【参考答案】B

【例3】CSMA/CD 发送数据的第一步是（　　　）。

A．等待令牌　　　　B．校验差错　　　　C．侦听总线　　　　D．延迟重发

【解析】在 802.3 协议中，是由一种称为 CSMA/CD 的协议来完成调节的。发送数据之前，首先检测信道是否被占用，如果检测出信道空闲，会等待一段随机时间后，才送出数据。接收端如果正确收到此帧，则经过一段时间间隔后，向发送端发送确认帧 ACK。发送端收到 ACK 帧，确定数据正确传输，在经过一段时间间隔后，会出现一段空闲时间。

【参考答案】C

【例4】IEEE 针对万兆以太网制定的协议标准是（　　　）。

A．IEEE 802.3ae　　　B．IEEE 802.3z　　　C．IEEE 802.3u　　　D．IEEE 802.3

【解析】传统以太网（Ethernet）采用 IEEE 802.3 标准。快速以太网（FastEthernet）采用 IEEE 802.3u 标准。千兆以太网（GigabitEthernet）采用 IEEE 802.3z 标准。万兆以太网（10 GigabitEthernet）采用 IEEE 802.3ae 标准。

【参考答案】A

【例5】某家庭需要通过无线局域网将分布在不同房间的三台计算机接入 Internet，并且 ISP 只给其分配一个 IP 地址。在这种情况下，应该选用的设备是（　　　）。

A．AP　　　　　B．无线路由器　　　　C．无线网卡　　　　D．交换机

【解析】无线路由器具有路由功能、网络地址转换（NAT）功能的 AP（无线接入点），可用于组建无线局域网。无线网卡是无线局域网系统中最基本的硬件。AP 的基本功能是集合无线或有线终端，其作用类似于有线局域网的集线器或交换机。

【参考答案】B

【例 6】下列关于集线器的描述中，错误的是（ ）。

A．连接到集线器的所有节点都属于一个冲突域

B．连接到集线器的节点发送数据时，将执行 CSMA/CD 介质访问控制方法

C．通过在网络链路中串接一个集线器可以监听该链路中的数据包

D．连接到一个集线器的多个节点不能同时接收数据帧

【解析】节点通过双绞线连接到一个集线器上，当其中一个节点发送数据时，任何一个节点都可以收到消息，所以链路中串接集线器可以监听该链路中的数据包。由于集线器工作在物理层，所以每次只能有一个节点发送数据，而其他的节点都可以接收数据。连接到一个集线器的所有节点共享一个冲突域，这些节点都执行 CSMA/CD 介质访问控制方法。

【参考答案】D

【例 7】下列关于局域网设备的描述中，错误的是（ ）。

A．中继器只能起到对传输介质上信号波形的接收、放大、整形与转发的作用

B．连接到一个集线器的所有节点都共享一个冲突域

C．透明网桥一般用于两个 MAC 层协议相同的网络之间的互联

D．二层交换机维护一个表示 MAC 地址与 IP 地址的映射表

【解析】中继器只能起到对传输介质上信号波形的接收、放大、整形与转发的作用，这是物理层的功能。集线器工作于物理层，连接到一个集线器的所有节点都共享一个冲突域，这些节点执行 CSMA/CD 介质访问控制方法。网桥工作在数据链路层，根据转发策略可分为透明网桥和源路由网桥，透明网桥一般用于两个 MAC 层协议相同的网络之间的互联。二层交换机工作于数据链路层，它建立和维护一个表示 MAC 地址与交换机端口的映射表。

【参考答案】D

【例 8】100BASE-FX 标准支持的传输介质可以是（ ）。

A．单模光纤   B．非屏蔽双绞线   C．屏蔽双绞线   D．无线信道

【解析】100Base-FX 是快速以太网（Fast Ethernet）采用的介质，支持 2 芯的多模或单模光纤，主要供高速主干网使用，从节点到集线器的距离可达 2km。它是一个全双工系统。

【参考答案】A

【例 9】下列关于 CSMA/CD 的描述中，错误的是（ ）。

A．是一种介质访问控制方法   B．称为带冲突避免的载波侦听多路访问

C．发送数据前需要侦听信道   D．重发数据前需等待一段时间

【解析】CSMA/CD（Carrier Sense Multiple Access/Collision Detect，载波侦听多路访问/冲突检测）是无线局域网标准 IEEE 802.11 使用的一种介质访问控制方法，工作在 MAC 层。该方法要求每个节点在发送帧之前先侦听信道，如果空闲则可以发送帧，如果没有收到发回帧的确认 ACK 则表明该帧发送出现冲突，即发送失败。此时在规定的帧间隔时间内不能再发送帧，只有超过了帧间隔时间才可以发送帧。

【参考答案】B

【例 10】一台交换机总带宽为 24Gbit/s，具有 48 个 10/100Mbit/s 电端口和若干个 1000Mbit/s 光端口，如果所有端口都工作在全双工状态，那么该交换机的光端口数最多为（ ）。

A．7   B．8   C．14   D．15

【解析】全双工端口带宽的计算方法：端口数×端口速率×2，即（24000-48×100×2）/2/

1000=7.2。由于选择的交换机背板带宽应该大于由端口计算得到的值，所以实际上的交换机总带宽小于 24Gbit/s。

【参考答案】A

【例 11】一台交换机具有 48 个 10/100Mbit/s 端口和两个 1000Mbit/s 端口，如果所有端口都工作在全双工状态，那么交换机总带宽应为（　　）。

　　A．8.8Gbit/s　　　　　　B．12.8Gbit/s　　　　　　C．13.6Gbit/s　　　　　　D．24.8Gbit/s

【解析】全双工端口带宽的计算方法：端口数×端口速率×2，故 48×100Mbit/s×2+2×1000Mbit/s×2=13.6Gbit/s。

【参考答案】C

【例 12】在总线型局域网中，由于总线作为公共传输介质被多个节点共享，因此在其工作过程中需要解决的问题是（　　）。

　　A．拥塞　　　　　　　　B．冲突　　　　　　　　C．交换　　　　　　　　D．互联

【解析】由于总线作为公共传输介质被多个节点共享，这就可能出现同一时刻有两个或两个以上节点利用总线发送数据的情况，产生冲突，造成传输失败。因此，在工作过程中需要解决的问题是冲突，可以利用 CSMA/CD 来解决共享总线冲突的问题。

【参考答案】B

【例 13】下列关于共享介质局域网的描述中，错误的是（　　）。

　　A．采用广播方式发送数据　　　　　　　　B．所有网络节点使用同一共享介质
　　C．不需要介质访问控制方法　　　　　　　D．数据在传输过程中可能会出现冲突

【解析】共享介质的局域网中，所有的设备都共享传输介质，所以需要一种方法能有效地分配传输介质的使用权，这种功能就叫介质访问控制。利用 CSMA/CD 可以解决介质访问控制的问题。

【参考答案】C

【例 14】10Gbit/s 以太网的应用范围能够从局域网的领域扩展到广域网的领域，是因为其物理层采用了（　　）。

　　A．同轴电缆传输技术　　　　　　　　　　B．双绞线传输技术
　　C．光纤传输技术　　　　　　　　　　　　D．微波传输技术

【解析】10Gbit/s 以太网的传输介质只能使用光纤，光纤传输速率高、抗干扰、保密信号、传输距离长，可以应用在广域网的范围内。

【参考答案】C

【例 15】Ethernet 的 MAC 地址长度是（　　）位。

　　A．32　　　　　　　　　B．64　　　　　　　　　C．16　　　　　　　　　D．48

【解析】MAC 地址是由 48 位二进制组成的。

【参考答案】D

【例 16】局域网参考模型将 OSI 模型的数据链路层划分为（　　）。

　　A．MAC 子层和 LLC 子层　　　　　　　　B．MAC 子层和接入子层
　　C．接入子层和 LLC 子层　　　　　　　　D．接入子层和汇聚子层

【解析】局域网参考模型将 OSI 模型的数据链路层划分为逻辑链路控制（LLC）子层和介质访问控制（MAC）子层。

【参考答案】A

【例 17】10Gbit/s 的 Ethernet 采用的通信方式是（　　　）。

A．半双工　　　　　　　B．单工　　　　　　　C．全双工　　　　　　D．自适应

【解析】10Gbit/s 的 Ethernet 使用单模光纤，只适用于全双工方式。

【参考答案】C

【例 18】1000Base-T 标准支持的传输介质是（　　　）。

A．单模光纤　　　　　　B．多模光纤　　　　　C．非屏蔽双绞线　　　D．屏蔽双绞线

【解析】1000Base-T 使用的是 5 类非屏蔽双绞线，1000Base-CX 使用的是屏蔽双绞线，1000Base-LX 使用的是单模光纤，1000Base-SX 使用的是多模光纤。

【参考答案】C

【例 19】1000Base-T 标准使用的是 5 类非屏蔽双绞线，双绞线的最大传输距离是（　　　）。

A．25m　　　　　　　　B．50m　　　　　　　C．100m　　　　　　　D．200m

【解析】5 类非屏蔽双绞线的最大传输距离为 100m。

【参考答案】C

【例 20】关于万兆以太网的描述中，错误的是（　　　）。

A．与快速以太网的帧格式相同　　　　　　　B．符合 IEEE802.3 标准的最小帧长和最大帧长

C．传输介质为光纤　　　　　　　　　　　　D．同时支持全双工和半双工的方式

【解析】万兆以太网数据传输速率高达 10Gbit/s。万兆以太网还保留了 IEEE 802.3 标准规定的以太网帧格式、帧的最小帧长和最大帧长。万兆以太网只适用于全双工通信方式，不存在冲突，也不使用 CSMA/CD 协议，因此传输距离不受碰撞检测的限制。

【参考答案】D

21.6 组建局域网

【例 1】关于共享介质以太网的描述中，正确的是（　　）。

A．核心设备可以是集线器　　　　　　　　B．传输的数据单元是 IP 分组

C．数据传输不会发生冲突　　　　　　　　D．无须实现介质访问控制

【解析】共享介质局域网中所有节点共享一条公共通信传输介质，典型的介质访问控制方式有 CSMA/CD、Token Ring、Token Bus。介质访问控制方式用来保证每个节点都能够"公平"地使用公共传输介质。共享介质局域网可支持全双工通信模式，并只使用点——点信道传输数据。共享介质局域网主要的设备为集线器。

【参考答案】A

【例 2】关于交换式局域网的描述中，错误的是（　　）。

A．核心连接设备是局域网交换机　　　　　B．通过端口和 MAC 地址映射表实现帧交换

C．直接交换是其转发方式之一　　　　　　D．交换机所有端口都是一个冲突域

【解析】交换式局域网的核心设备是局域网交换机。局域网交换机利用"端口/MAC 地址映射表"进行数据交换。交换机的帧转发方式可以分为直接交换方式、存储转发交换方式、改进的直接交换方式。交换机隔离了冲突域，其每个端口就是一个冲突域。

【参考答案】D

【例 3】IEEE 针对 WLAN 制定的协议标准是（　　）。

A．IEEE 802.11　　　　B．IEEE 802.12　　　　C．IEEE 802.15　　　　D．IEEE 802.16

【解析】IEEE 802.11 指无线局域网（WLAN）的介质访问控制协议及物理层技术规范。IEEE 802.12 指需求优先的介质访问控制协议。IEEE 802.15 指采用蓝牙技术的无线个人网技术规范。IEEE 802.16 指负责为宽带无线接入的无线接口及其相关功能制定标准。

【参考答案】A

【例 4】IEEE 802.11b 标准支持的最大数据传输速率是（　　）。

A．2Mbit/s　　　　　　B．11Mbit/s　　　　　　C．54Mbit/s　　　　　　D．100Mbit/s

【解析】IEEE 802.11b 无线局域网的带宽最高可达 11Mbit/s。另外，也可根据实际情况采用 5.5Mbit/s、2 Mbit/s 和 1 Mbit/s 的带宽。

【参考答案】B

【例 5】下列关于 IEEE802.11b 协议的描述中，错误的是（　　）。

A．采用 CSMA/CA 介质访问控制方法　　　B．允许无线节点之间采用对等通信方式

C．室内环境通信距离最远为 100m　　　　　D．最大传输速率可以达到 54Mbit/s

【解析】IEEE 802.11b 无线局域网的带宽最高可达 11Mbit/s，IEEE 802.11a 无线局域网的最大带宽是 54Mbit/s。

【参考答案】D

【例 6】WLAN 标准 802.11g 将传输速率提高到（　　）。

A．5.5Mbit/s　　　　　B．11Mbit/s　　　　　C．54Mbit/s　　　　　D．100Mbit/s

【解析】IEEE 802.11 中三种协议的传输率是：IEEE 802.11b 的最大数据传输率为 11Mbit/s，IEEE 802.11a 的最大数据传输率为 54Mbit/s，IEEE 802.11g 的最大数据传输率为 54Mbit/s。

计算机网络基础与应用（实验指南）

【参考答案】C

【例7】关于无线局域网的描述中，正确的是（　　）。

A．对应的英文缩写为 VLAN
B．可完全代替传统的以太网
C．可支持对等结构通信模式
D．仅使用红外线作为传输介质

【解析】无线局域网（Wireless LAN，WLAN）是传统局域网的补充，可支持对等结构的通信模式（如无线自组网），以及无线传输介质使用微波、激光和红外线等。

【参考答案】C

【例8】以太网交换机中的 MAC 地址映射表（　　）。

A．是由交换机的生产厂商建立的
B．是交换机在数据转发过程中通过学习动态建立的
C．是由网络管理员建立的
D．是由网络用户利用特殊命令建立的

【解析】交换机具有"学习"功能，可以"学习"每个端口上所连设备的 MAC 地址。每个交换机都有一个 MAC 地址表。将学习的 MAC 地址和端口映射"记忆"到内存中，就产生了 MAC 地址表。学习使交换机在运行过程中，可以动态获取 MAC 地址和交换机端口的映射。初始情况下，交换机的 MAC 地址表是空的。

【参考答案】B

【例9】对于还没有配置设备管理地址的交换机，应采用的配置方式是（　　）。

A．Telnet　　　　　　B．TFTP　　　　　　C．IE　　　　　　D．Console

【解析】交换机常见的配置方式有 Console、Telnet、管理工作站和 Web，其中 Console 方式是常用于交换机刚出厂并进行第一次配置时所采用的方式；Telnet 模式常用于远程配置方式，该方式要求交换机已经连接到网络上，而且配置了交换机的设备管理地址；Web 方式主要用于交换机被设置成 Web 服务器，然后通过网络上的任意一个终端站点使用浏览器对交换机进行配置。没有配置设备管理地址的交换机，只能使用 Console 方式。

【参考答案】D

【例10】在局域网交换机工作方式中，（　　）在局域网交换机中处理的是完整的帧。

A．存储转发方式
B．无碎片转发方式
C．直接交换方式
D．改进直接交换方式

【解析】直通方式又称直接交换方式。交换机只需知道数据帧的目的 MAC 地址，便将帧直接传送到相应的端口上，不用判断是否出错，帧出错检测由目的节点完成。存储转发方式是计算机网络应用最为广泛的方式。交换机是将输入端口的数据帧先存储起来，然后进行检测是否有错误，对错误帧处理后，才取出数据帧的目标地址，通过查找 MAC 地址表，转发数据帧。无碎片转发也叫改进直接交换方式，是上述两种技术的综合。它检查数据帧的长度是否够 64 字节，如果小于 64 字节，说明是假帧，则丢弃该帧；如果大于 64 字节，则发送该包。这种方式也不提供数据校验，它的数据处理速度比存储转发方式快，比直通方式慢。

【参考答案】A

【例11】下面对虚拟局域网的说法中，错误的是（　　）。

A．虚拟局域网是一种全新局域网，其基础是虚拟技术
B．每个虚拟局域网是一个逻辑子网，其组网的依据不是物理位置，而是逻辑位置。

C．每个虚拟局域网都是一个独立的广播域

D．虚拟局域网是建立在物理网络基础上的

【解析】虚拟局域网主要通过交换和路由设备在物理网络拓扑结构上建立逻辑网络。这里的交换和路由设备，通常指交换机和路由器，但是主流应用还是在交换机之中，只有支持 VLAN 协议的交换机才具有此功能。VLAN 是一组逻辑上的设备和用户，这些用户和设备可以跨越不同网段、不同网络，不受地理位置的限制，可以根据功能、部门和应用等因素将它们组织起来，有效地隔离广播域，实现相互之间的通信，就像在同一个网络中一样。

【参考答案】A

【例 12】关于虚拟局域网的描述中，错误的是（　　）。

A．可基于局域网交换机组建　　　　　　　B．可基于 MAC 地址分组

C．英文缩写为 VLAN　　　　　　　　　　D．缺点是不便于用户管理

【解析】虚拟局域网（VLAN）是建立在局域网的基础上，以软件形式在局域网交换机上实现逻辑工作组的划分与管理，工作组中的节点不受物理位置的限制。虚拟局域网的组网方法包括用交换机端口定义虚拟局域网、用 MAC 地址定义虚拟局域网、用网络层地址定义虚拟局域网、基于广播组的虚拟局域网。虚拟局域网的优点：方便网络用户管理、减少网络管理开销、提供更好的安全性、改善网络服务质量。

【参考答案】D

【例 13】下列关于 VLAN 标识的描述中，错误的是（　　）。

A．VLAN ID 范围是 1～4094

B．VLAN 通常用 VLAN ID 和 VLAN name 标识

C．缺省的 VLAN 名是系统根据 VLAN ID 自动生成的

D．默认情况下，交换机的所有端口都属于 VLAN 100。

【解析】VLAN 通常用 VLAN ID 和 VLAN name 标识，VLAN ID 范围是 1～4094，缺省的 VLAN 名是系统根据 VLAN ID 自动生成的。默认情况下，交换机的所有端口属于 VLAN 1。

【参考答案】D

【例 14】在一栋办公楼的 1～3 层各安装一台交换机，将分布在不同楼层但同属于财务部门的 9 台 PC 分别连接在这 3 台交换机的端口上，为了控制对财务部门的访问，需要提高网络的安全性和易管理性，最好的解决方案是（　　）。

A．改变物理连接，将 9 台 PC 全部移到同一层

B．使用路由器，并用访问控制列表控制主机之间的数据流

C．产生一个 VPN，并使用 VTP 通过交换机的 Trunk 传播给 9 台 PC

D．在每台交换机上建立一个相同的 VLAN，将连接 9 台 PC 的交换机端口都分配到这个 VLAN 中

【解析】虚拟网络技术（VLAN）提供了动态组织工作环境的功能，它简化了网络的物理结构，提高了网络的易管理性和安全性，改善了网络的性能。一个 VLAN 就是一个逻辑工作组，该工作组是一个独立的逻辑网络、单一的广播域，但这个逻辑组的设定不受实际交换机区段的限制，也不受用户所在物理位置和物理网络的限制。

【参考答案】D

【例 15】下列删除 VLAN 的命令中，无法执行的是（   ）。

A．no vlan 1　　　　B．no vlan 2　　　　C．no vlan 100　　　　D．no vlan 1000

【解析】VLAN 的 ID 数值范围为 1～4094，其中 1 是缺省的 VLAN，一般用于设备管理，且用户只能使用不能删除。

【参考答案】A

【例 16】在采用对等解决方案建立无线局域网时，仅需要使用的无线设备是（   ）。

A．无线网卡　　　　B．无线接入点 AP　　　C．无线网桥　　　　D．无线路由器

【解析】在采用对等解决方案建立无线局域网时，仅需要无线网卡即可实现相互访问。无线接入点基本功能是集合无线或有线终端，作用相当于有线局域网中的集线器和交换机，将其加入更多功能则可成为无线网桥、无线路由器和无线网关，从而实现较远距离的无线数据通信。

【参考答案】A

【例 17】下列关于局域网设备的描述中，错误的是（   ）。

A．中继器工作在 MAC 层

B．连接一个集线器的所有节点以共享一个冲突域

C．局域网交换机是交换式以太网的核心设备

D．网桥的主要性能指标包括帧转发速率和帧过滤速率

【解析】中继器工作在物理层。

【参考答案】A

【例 18】一台交换机的总带宽为 8.8Gbit/s，如果该交换机拥有两个全双工 1000Mbit/s 端口，那么最多还可以提供的全双工 10/100Mbit/s 端口的数量是（   ）。

A．12　　　　　　B．16　　　　　　C．24　　　　　　　D．48

【解析】全双工端口带宽的计算方法：端口数×端口概率×2，由计算方法可知：（2×1000+100×n）×2=8800Gbit/s，则 n=24。

【参考答案】C

【例 19】下列关于局域网设备的描述中，错误的是（   ）。

A．中继器只能起到对传输介质上信号波形的接收、放大、整形与转发的作用

B．连接一个集线器的所有节点以共享一个冲突域

C．透明网桥一般用在两个 MAC 层协议相同的网络之间的互联

D．二层交换机维护一个表示 MAC 地址与 IP 地址对应关系的交换表

【解析】交换机的基本功能是建立和维护一个表示 MAC 地址与交换机端口对应关系的交换表，而不是 MAC 和 IP 地址对应关系的交换表。

【参考答案】D

【例 20】下列对 VLAN 的描述中，错误的是（   ）。

A．基于端口的 VLAN 是常用的 VLAN 划分方法

B．每个 VLAN 都是一个独立的逻辑网络、单一的广播域

C．VLAN 的划分受用户所在的物理位置和物理网络的限制

D．按每个连接到交换机设备的 MAC 地址定义 VLAN 成员是一种动态 VLAN

【解析】VLAN 是一个网络设备或用户的逻辑组，该逻辑组是一个独立的逻辑网络、单一

的广播域，而这个逻辑组的设定不受实际交换机区段的限制，也不受用户所在的物理位置和物理网络的限制。

【参考答案】 C

【例 21】 下列 Windows 命令中，可以显示主机路由表内容的命令是（   ）。

A．nbtstat   B．netstat -r   C．net view   D．route -f

【解析】 nbtstat 显示协议统计和当前使用 NBI 的 TCP/IP 连接；netstat -r 显示路由表内容；net view 显示域列表、计算机列表或指定计算机上的共享资源列表；route -f 清除路由表中所有的网关条目。

【参考答案】 B

【例 22】 下列关于蓝牙（Bluetooth）技术描述中，错误的是（   ）。

A．一种短距离无线通信技术   B．标称数据速率是 1Mbit/s

C．蓝牙技术标准是 IEEE 802.15   D．蓝牙技术标准是 IEEE 802.11

【解析】 蓝牙技术标准是 IEEE 802.15，一种短距离无线通信技术，通常传输距离是 10m 以内，传输速率是 1Mbit/s。

【参考答案】 D

21.7 Internet 基础

【例1】下列关于 Internet 的描述中，错误的是（   ）。

A．Internet 是一个较大的局域网　　　　B．Internet 内部包含了大量的路由设备

C．Internet 是一个信息资源网　　　　　D．Internet 在使用中不必关心 Internet 的内部结构

【解析】互联网是一个信息资源网，互联网的使用者不必关心互联网的内部结构，路由器是互联网中最为重要的设备，它是网络与网络之间连接的桥梁，互联网中包含了大量的路由设备。

【参考答案】A

【例2】在 Internet 中，信息资源和服务的载体是（   ）。

A．集线器　　　　　B．交换机　　　　　C．路由器　　　　　D．主机

【解析】在互联网中，信息资源和服务的载体是主机。接入互联网的主机按其在互联网扮演的角色不同，分为服务器和客户端，服务器是互联网服务和信息资源的提供者，客户端是互联网服务和信息资源的使用者。

【参考答案】D

【例3】下列 IP 描述中，错误的是（   ）。

A．IP 提供尽力而为的数据报投递服务　　B．IP 提供可靠的数据报传输服务

C．IP 是一个面向无连接的数据传输服务　D．IP 用于屏蔽物理网络的差异

【解析】IP 提供不可靠、面向无连接、尽最大努力的服务。

【参考答案】B

【例4】下列 IP 地址中有效的是（   ）。

A．202.280.130.45　　B．130.192.290.45　　C．256.192.33.45　　D．192.202.13.45

【解析】IP 地址由 32 位二进制组成，采用点分十进制表示，每个 8 位二进制最大值为 255。

【参考答案】D

【例5】如果 IP 地址为 202.130.199.33，子网掩码为 255.255.255.0，那么网络地址是（   ）。

A．202.130.0.0　　B．202.0.0.0　　　C．202.130.199.0　　D．202.130.199.33

【解析】子网掩码是由 32 位二进制组成的，与 IP 地址具有相同的编码格式，也采用点分十进制表示。子网掩码通常与 IP 地址配对出现，它将 IP 地址中网络号（包含子网号）部分的对应所有位设置为"1"，对应于主机号部分的所有位取值为"0"。子网掩码的主要功能是告知主机或路由设备，IP 地址中的哪些位是网络号部分、哪些位是主机号部分。划分子网后，对子网掩码和 IP 地址进行"按位与"运算，可以计算出 IP 地址的网络号（网络地址），其公式为：网络地址=（IP 地址）AND（子网掩码）。

【参考答案】C

【例6】关于 Internet 的描述中，错误的是（   ）。

A．Internet 是一种计算机互联网　　　　B．Internet 是一个信息资源网

C．Internet 上的主机可以是 4G 手机　　D．Internet 利用集线器实现异构网络互联

【解析】从网络设计者角度考虑，Internet 是计算机互联网络的一个实例，由分布在世界各

地的、数以万计的、各种规模的计算机网络，借助于网络互联设备路由器，相互连接而成的全球性的互联网络，因此 Internet 利用路由器实现异构网络互联。从 Internet 使用者角度考虑，Internet 是个信息资源网，主要组成包括 4 个部分：通信线路、路由器、主机和信息资源。主机是信息资源和服务的载体，接入 Internet 的主机既可以是巨型计算机，也可以是微型计算机或笔记本电脑，甚至可以是一部手机、平板电脑等移动设备。

【参考答案】D

【例 7】下列 IPv6 地址表示中，错误的是（　　　）。

A．51EC::0:0:1/48　　　　　　　　　B．21DA::2A90:FE:0:4CA2:9C5A

C．301::BC:0::05D7　　　　　　　　　D．10DA::2AA0:F:FE08:9C5A

【解析】IPv6 地址由 128 位二进制组成。在使用零压缩法时，双冒号（::）在一个地址中只能出现一次；双冒号表示被压缩位段个数的计算；IPv6 不支持子网掩码，而只支持前缀长度表示法。

【参考答案】C

【例 8】网络地址 171.22.168.0 对应的子网掩码是（　　　）。

A．255.255.192.0　　　B．255.255.224.0　　　C．255.255.240.0　　　D．255.255.248.0

【解析】网络地址 171.22.168.0 是一个 B 类的 IP 地址块，它由"网络号+子网号"构成。依照 IPv6 规定，B 类地址网络号有 16 位，剩下的为子网号和主机号。而网络地址 171.22.168.0 的二进制表示为 10101011.00010110.10101000.00000000，根据该二进制数中比特"1"的分布情况可知 16 位网络号和 5 位子网号，故其子网掩码为 255.255.248.0。

【参考答案】D

【例 9】网络地址 191.22.168.0/21 的子网掩码是（　　　）。

A．255.255.192.0　　　B．255.255.224.0　　　C．255.255.240.0　　　D．255.255.248.0

【解析】在题目中给出的 IP 地址中"/21"是网络前缀表示法，表示子网掩码从左边第一位开始共有 21 个 1，即 11111111.11111111.11111000.00000000，转换成十进制为 255.255.248.0。

【参考答案】D

【例 10】某个 IP 地址的子网掩码为 255.255.255.192，该掩码又可以写为（　　　）。

A．/22　　　　　　　B．/24　　　　　　　C．/26　　　　　　　D．/28

【解析】题中某个 IP 地址的子网掩码为 255.255.255.192，用二进制表示为 11111111.11111111.11111111.11000000，其中"1"的个数即为子网掩码的长度，即可用网络前缀法"/26"表示此子网掩码。

【参考答案】C

【例 11】IP 地址块 211.64.0.0/11 的子网掩码可写为（　　　）。

A．255.192.0.0　　　B．255.224.0.0　　　C．255.240.0.0　　　D．255.248.0.0

【解析】子网掩码的一种表示方法是"网络号/子网掩码长度"，称为网络前缀法，即此题的子网掩码的长度为 11，则子网掩码为 11111111.11100000.00000000.00000000，即 255.224.0.0。

【参考答案】B

【例 12】IPv6 基本首部的长度为（　　　）。

A．10 字节　　　　　B．20 字节　　　　　C．30 字节　　　　　D．40 字节

【解析】IPv6 采用了新的协议格式，IPv6 数据报由一个 IPv6 基本头、多个扩展头和一个高层协议数据单元组成，基本首部采用固定的 40 字节长度，一些可选的内容放在扩展头部分实现。

【参考答案】D

【例 13】IP 地址块 192.168.133.128/26 的广播地址是（　　　）。

A．192.168.133.127　　B．192.168.133.128　　C．192.168.133.191　　D．192.168.133.223

【解析】IP 地址块为 192.168.133.128/26，网络号为 26 位，说明借用 2 位主机位充当网络子网位，剩余主机位为 6 位。广播地址计算是网络位和子网位保持不变，主机位全部为"1"。所以 IP 地址最后 8 位的二进制位是 192.168.133.10000000，将后 6 位全部设置为"1"，就是 192.168.133.10111111，转换成十进制为 192.168.133.191。

【参考答案】C

【例 14】IP 地址 211.81.12.129，其默认子网掩码是（　　　）。

A．255.255.255.0　　　　　　　　　B．255.255.255.128

C．255.255.255.224　　　　　　　　D．255.255.255.255

【解析】默认情况下，IP 地址 211.81.12.129 为 C 类。故默认子网掩码应为 255.255.255.0。

【参考答案】A

【例 15】下列 IPv6 地址表示中，错误的是（　　　）。

A．::12D:BC:0:05E6　　　　　　　　B．DA21:0:0:0:0:2A:F:FE08:32

C．BC21::10:0:1/48　　　　　　　　D．FD60::2A90:FE:0:4CA2:943E

【解析】IPv6 采用 128 位地址长度，每 16 位划分为一个位段。每个位段被转换为一个 4 位的十六进制数，位段间用冒号隔开，这种方法称为冒号十六进制表示法。因此，一个 IPv6 地址最多有 8 个位段。可以采用零压缩表示法，其规则为，对于一个位段中的 0 不做省略；对于一个位段中全部数字为 0 的情况，只保留一个 0；当地址中存在一个或多个连续的 16 比特位为 0 字符时，可以用::（双冒号）来表示，但是一个 IPv6 地址只允许有一个双冒号，不能将一个段内有效的 0 压缩掉。

【参考答案】B

【例 16】某公司分配给人事部的 IP 地址块为 59.67.159.224/27，其中培训部的 IP 地址块为 59.67.159.208/28，销售部的 IP 地址块为 59.67.159.192/28，那么这三个地址块经过聚合后的地址为（　　　）。

A．59.67.159.192/25　　　　　　　　B．59.67.159.224/25

C．59.67.159.192/26　　　　　　　　D．59.67.159.224/26

【解析】地址聚合是指把几个小网络合并为一个大网络，主要是通过修改子网位数来实现（增大）的，其具体分为以下三步：①将地址转换为二进制格式，并将它们对齐；②找到所有地址中都相同的最后一位；③计算有多少位是相同的。根据题意，将三个网络地址转换为二进制：

59.67.159.224:00111011.01000011.10011111.11100000

59.67.159.208:00111011.01000011.10011111.11010000

59.67.159.192:00111011.01000011.10011111.11000000

上述三个 IP 地址中前 26 位相同，故子网掩码为/26，其对应的 IP 地址为 59.67.159.192。

【参考答案】C

【**例 17**】某企业产品部的 IP 地址块为 211.168.15.192/26，市场部的 IP 地址块为 211.168.15.160/27，财务部的 IP 地址块为 211.168.15.128/27，这三个地址块经聚合后的地址为（　　）。

　　A．211.168.15.0/25　　　　　　　　B．211.168.15.0/26

　　C．211.168.15.128/25　　　　　　　D．211.168.15.128/26

【**解析**】产品部的网络前缀为 211.168.15.11000000（最后一个部分为二进制表示），市场部的网络前缀为 211.168.15.10100000，财务部的网络前缀为 211.168.15.10000000，三个地址块聚合后的前 25 位相同（找相同的部分），因此，聚合后的网络地址为 211.168.15.128/25。

【参考答案】C

【**例 18**】一台 IP 地址为 202.193.120.33 的主机需要发送一个有限广播数据包，则其在 IP 数据报中应该使用的目标 IP 地址是（　　）。

　　A．255.255.255.255　　　　　　　　B．202.193.120.255

　　C．255.255.255.0　　　　　　　　　D．202.193.120.255

【**解析**】有限广播地址是 32 位的"1"的 IP 地址，即 255.255.255.255。

【参考答案】A

【**例 19**】某主机 IP 地址为 202.113.25.55，子网掩码为 255.255.255.0，请问该主机使用的回送地址为（　　）。

　　A．202.113.25.55　　　　　　　　　B．202.113.25.0

　　C．255.255.255.255　　　　　　　　D．127.0.0.1

【**解析**】回送地址是 127.0.0.1。

【参考答案】D

【**例 20**】假设有一个网络地址为 168.31.0.0，要将此网络划分为 16 个子网，请回答以下问题。（1）需要多少位表示子网？（2）子网掩码是多少？（3）每个子网拥有多少个主机？（4）每个子网的网络地址是多少？（5）每个子网的广播地址是多少？（6）每个子网的有效地址范围是多少？

【**解答**】

（1）子网数 $2^4=16$，则需要借用 4 位主机位充当子网位。

（2）IP 地址 168.31.0.0 是一个 B 类网络，网络部分和主机部分各占 16 位，默认子网掩码是 255.255.0.0。划分子网后，网络部分包括网络号和子网号，共 16+4=20 位。则子网掩码前 20 位为 1，转换为十进制是 255.255.240.0。

（3）～（6）每个子网拥有的主机位为 12 位，则每个子网有效主机数为 $2^{12}-2=4094$。每一个子网的网络地址是网络位和子网位保持不变，主机位全部为"0"。每一个子网的广播地址是网络位和子网位保持不变，主机位全部为"1"，具体如表 4-1 所示。

表 4-1　每个子网的网络地址、广播地址和可用主机范围

子网编号	子网的网络地址	子网的广播地址	子网的主机 IP 地址范围
子网 1	168.31.0.0	168.31.15.255	168.31.0.1 ～ 168.31.15.254
子网 2	168.31.16.0	168.31.31.255	168.31.16.1 ～ 168.31.31.254
子网 3	168.31.32.0	168.31.47.255	168.31.32.1 ～ 168.31.47.254
子网 4	168.31.48.0	168.31.63.255	168.31.48.1 ～ 168.31.63.254
子网 5	168.31.64.0	168.31.79.255	168.31.64.1 ～ 168.31.79.254
子网 6	168.31.80.0	168.31.95.255	168.31.80.1 ～ 168.31.95.254
子网 7	168.31.96.0	168.31.111.255	168.31.96.1 ～ 168.31.111.254
子网 8	168.31.112.0	168.31.127.255	168.31.112.1 ～ 168.31.127.254
子网 9	168.31.128.0	168.31.143.255	168.31.128.1 ～ 168.31.143.254
子网 10	168.31.144.0	168.31.159.255	168.31.144.1 ～ 168.31.159.254
子网 11	168.31.160.0	168.31.175.255	168.31.160.1 ～ 168.31.175.254
子网 12	168.31.176.0	168.31.191.255	168.31.176.1 ～ 168.31.191.254
子网 13	168.31.192.0	168.31.207.255	168.31.192.1 ～ 168.31.207.254
子网 14	168.31.208.0	168.31.223.255	168.31.208.1 ～ 168.31.223.254
子网 15	168.31.224.0	168.31.239.255	168.31.224.1 ～ 168.31.239.254
子网 16	168.31.240.0	168.31.255.255	168.31.240.1 ～ 168.31.255.254

【例 21】假设有一个网络地址为 208.11.16.0，此网络地址相应的子网掩码为 255.255.255.192。请回答以下问题。（1）此网络被划分了多少个子网？（2）每个子网的网络地址是什么？（3）每个子网的有效主机是多少？（4）第二个子网的广播地址是多少？

【解答】

（1）由网络地址可知，208.11.16.0 是一个 C 类网络，子网掩码为 255.255.255.192，说明进行了子网划分。子网掩码的最后 8 位转换成二进制位 255.255.255.11000000，可以看出从主机位中借用 2 位充当子网位。所以子网个数为 2^2=4。

（2）每一个子网的网络地址，其网络位和子网位保持不变，主机位全部为"0"。四个子网的子网号分别为 00、01、10 和 11，通过计算，四个子网 IP 地址分别是 208.11.16.0、208.11.16.64、208.11.16.128 和 208.11.16.192。

（3）子网主机位数是 6 位，所以，每个子网拥有主机数为 2^6-2=62。

（4）每一个子网的广播地址为网络位和子网位保持不变，主机位全部为"1"。第二个子网（子网号为 01）的广播地址是 208.11.16.01111111，转换为十进制是 208.11.16.127。

【例 22】计算并填写表 4-2。

表 4-2　IP 地址信息

IP 地址	111.153.27.49
子网掩码	255.240.0.0
地址类别	①
网络地址	②
直接广播地址	③
有限广播地址	④
子网内的最后一个可用的 IP 地址	⑤

【解析】

（1）该题考查的是给出 IP 地址和子网掩码来求解地址类别、网络地址、直接广播地址、有限广播地址和子网内的最后一个可用的 IP 地址。

（2）判断地址类别只需要判断 IP 地址的第一个 8 位取值，A 类地址段是 1.0.0.0～127.255.255.255，B 类地址段是 128.0.0.0～191.255.255.255，C 类地址段是 192.0.0.0～223.255.255.255。

（3）网络地址是 IP 地址中网络位不变，主机位置为 0 的地址。直接广播地址是 IP 地址网络位不变，主机位置为 1 的地址，有限广播地址是 32 位全为 1 的 IP 地址（255.255.255.255）。子网内的最后一个可用的 IP 地址是直接广播地址的前一个地址。

【参考答案】

① IP 地址的第一个 8 位取值为 111，可判断属于 A 类地址。应填入：A 类。

② 网络地址是 IP 地址中网络位不变，主机位置为 0 的地址。网络位和主机位是由子网掩码来确定的。在子网掩码中，网络位全为 1，主机位全为 0。本题中要求解网络地址，只需要将 IP 地址和子网掩码全部转换成二进制，然后按位进行与运算，即可得到网络地址。

111.153.27.49：**01101111.1001**1001.00011011.00110001

255.240.0.0：　**11111111.1111**0000.00000000.00000000

从子网掩码得出，前 12 位是网络位，后 20 位是主机位，经过按位与运算后得 01101111.10010000.00000000.00000000，转换成十进制为 111.144.0.0。故应填入：111.144.0.0。

③ 直接广播地址是 IP 地址网络位不变，主机位置为 1 的地址。本题中 IP 地址前 12 位是网络位，后 20 位是主机位，将 IP 地址中后 20 位全部置为 1，可得到 01101111.10011111.11111111.11111111，转换成十进制为 111.159.255.255。故应填入：111.159.255.255。

④ 有限广播地址是 32 位全为 1 的 IP 地址（255.255.255.255）。故应填入：255.255.255.255。

⑤ 子网内的最后一个可用的 IP 地址是直接广播地址的前一个地址。本题中直接广播地址为 111.159.255.255，求得子网内的最后一个可用的 IP 地址为 111.159.255.254。故应填入：111.159.255.254。

21.8　网络互联与 Internet 接入

【例1】 在 Internet 中，（　　）是网络与网络之间的连接桥梁。

A．集线器　　　　　　　B．中继器　　　　　　　C．路由器　　　　　　　D．主机

【解析】 路由器是网络与网络之间的连接桥梁。主机是信息资源和服务的载体。集线器和中继器属于局域网中的设备。

【参考答案】 C

【例2】 在 Internet 中，不需要运行 IP 协议的设备是（　　）。

A．路由器　　　　　　　B．集线器　　　　　　　C．服务器　　　　　　　D．工作站

【解析】 集线器就是为了共享带宽的设备，工作于 OSI 模型的物理层，因此不需要运行 IP 协议，路由器、服务器和工作站必须运行 IP 协议才能正常工作。

【参考答案】 B

【例3】 静态路由是指（　　）。

A．网络处于静态时的路由　　　　　　　　B．到达某个目标网络固定路由

C．静态路由不允许修改　　　　　　　　　D．网络处于瘫痪时临时启用的路由表

【解析】 静态路由是网络管理员手动添加到路由器上的路由信息，指定达到某个目标网络的固定路由，它不能自动适应网络拓扑结构的变化，一旦出现故障，数据包就不能传送到目标地址。静态路由协议虽简单且开销较小，但不能及时适应网络状态的变化。

【参考答案】 B

【例4】 下列关于路由选择协议相关技术的描述中，错误的是（　　）。

A．最短路径优先协议是一种基于距离向量的路由选择协议

B．路由信息协议是一种基于距离向量的路由选择协议

C．链路状态路由协议的度量主要包括费用、距离、收敛时间、带宽等

D．边界网关协议可以在两个自治系统之间传递路由选择信息

【解析】 最短路径优先协议是一种基于分布式链路状态的路由选择协议。路由信息协议是一种基于距离向量的路由选择协议。链路状态度量主要包括费用、距离、收敛时间、带宽等。边界网关协议可以在两个自治系统之间传递路由选择信息。

【参考答案】 A

【例5】 下列关于路由器技术指标的描述中，错误的是（　　）。

A．吞吐量是指路由器的包转发能力

B．背板能力决定了路由器的吞吐量

C．语音、视频业务对延时抖动要求较高

D．突发处理能力是以最小帧间隔值来衡量的

【解析】 路由器的关键技术指标主要有以下几点：①吞吐量。吞吐量是指路由器的包转发能力。路由器的包转发能力与路由器端口数量、端口速率、包长度、包类型有关。②背板能力。背板是路由器输入端与输出端之间的物理通道。背板能力决定了路由器的吞吐量。③丢包率。丢包率是指在稳定的持续负荷情况下，由于包转发能力的限制而造成包丢失的概率。丢包率通常是衡量路由器超负荷工作时的性能指标之一。④延时与延时抖动。延时是指数据包的第

一个比特进入路由器，到该帧的最后一个比特离开路由器所经历的时间，该时间间隔标志着路由器转发包的处理时间。延时抖动是指延时的变化量。由于数据包对延时抖动要求不高，因此通常不把延时抖动作为衡量高速路由器的主要指标，但是语音、视频业务对延时抖动要求较高。⑤突发处理能力。突发处理能力是以最小帧间隔发送数据包而不引起丢失的最大发送速率来衡量的。

【参考答案】D

【例6】下列关于 ADSL 技术的描述中，错误的是（　　）。

A．ADSL 的上行速率和下行速率是一样的

B．ADSL 可以传输数据，也可以传输音频和视频等信息

C．ADSL 是一种通过现有普通电话线为家庭和办公室提供宽带数据传输服务的技术

D．ADSL 可以与普通电话共存于一条电话线上，同时提供电话和高速数据传输业务，两者互不干涉

【解析】ADSL（Asymmetrical Digital Subscriber Line，非对称数字用户环路）的最大特点是，不需要改造信号传输线路，完全利用普通电话线作为传输介质，配上专用的 Modem 便可实现数据（包括音频、视频等信息）高速传输。ADSL 的上行速率和下行速率不对称。ADSL 可以与普通电话共存于一条电话线上，同时提供电话和高速数据传输业务，两者互不干涉，在普通的电话铜缆上提供上行速率为 512Kbit/s～1Mbit/s，下行速率为 1～8Mbit/s，其传输距离在 5km 以内。

【参考答案】A

【例7】下列关于路由器技术指标的描述中，错误的是（　　）。

A．路由器的包转发能力与端口数量、端口速率、包长度和包类型有关

B．高性能路由器一般采用共享背板的结构

C．丢包率是衡量路由器超负荷工作能力的指标之一

D．路由器的服务质量主要表现在队列管理机制与支持的 QoS 协议类型上

【解析】路由器的包转发能力与端口数量、端口速率、包长度和包类型有关，丢包率是衡量路由器超负荷工作能力的指标之一，高性能路由器一般采用可交换式结构，传统的核心路由器采用共享背板的结构，路由器的服务质量主要表现在队列管理机制与支持的 QoS 协议类型上。

【参考答案】B

【例8】在显示路由器的配置信息时，路由器必须进入的工作模式是（　　）。

A．用户模式　　　　　　　　　　　B．特权模式

C．设置模式　　　　　　　　　　　D．虚拟终端配置模式

【解析】用户模式：它是个只读模式，在该模式下，用户只可以对路由器做一些简单的操作，有限度地查看路由器的相关信息，但是不能对路由器的配置做任何修改。特权模式：在用户模式下输入"enable"命令和超级用户密码，就可以进入特权模式。特权模式可以管理系统时钟、进行错误检测、查看和保存配置文件、清除闪存、处理并完成路由器的冷启动等操作。设置模式：通过 Console 端口进入一个刚出厂的没有任何配置的路由器时，控制台就会进入设置模式。虚拟终端配置模式：在全局模式下，可以通过"line vty 0 4"命令进入虚拟终端配置模式。

【参考答案】B

【例9】一个连接两个以太网的路由器接收到一个 IP 数据报，如果需要将该数据报转发到 IP 地址为 202.123.1.1 的主机，那么该路由器可以使用哪种协议寻找到目标主机的 MAC 地址（　　）。

　　A．IP　　　　　　　　B．ARP　　　　　　　　C．TCP　　　　　　　　D．RARP

【解析】以太网通常使用地址解析协议 ARP 查找 IP 地址对应主机的 MAC 地址。逆向地址解析协议 RARP 查找 MAC 地址对应的 IP 地址。

【参考答案】B

【例10】一台路由器的端口 IP 地址为 10.1.1.100/8，现在需要配置该路由器的默认路由。如果与该路由器相连的唯一路由器具有两个 IP 地址，一个是 10.2.1.100/8，另一个是 1.1.1.1/8，那么该路由器默认路由的下一跳 IP 地址应该为（　　）。

　　A．10.2.1.100　　　　B．1.1.1.1　　　　　　C．0.0.0.0　　　　　　D．255.255.255

【解析】由于连接的唯一路由器有两个 IP 地址，与该路由器端口 IP 地址在同一网络地址的 IP 地址为 10.2.1.100，1.1.1.1 和路由器端口 IP 地址 10.1.1.100 不在一个网络，所以该路由器的默认路由的下一跳 IP 地址为 10.2.1.100。

【参考答案】A

【例11】某台路由器的路由表，如表 4-3 所示。

表 4-3　某台路由器的路由表

目标网络	下一跳
10.2.0.0/16	直接投递
10.3.0.0/16	直接投递
10.1.0.0/16	10.2.0.5
10.4.0.0/16	10.3.0.7
0.0.0.0/0	10.3.0.7

（1）如果该路由器接收到一个源 IP 地址为 100.0.1.25、目标 IP 地址为 10.1.2.25 的数据报时，那么它应该将其投递到（　　）。

　　A．直接投递　　　　　　　　　　　B．投递到 10.2.0.5

　　C．投递到 10.3.0.7　　　　　　　　D．丢弃

（2）如果在表 4-3 中，网络管理员手动配置了默认路由信息。那么，当路由器目标 IP 地址为 195.168.1.36 的数据报时，它对该数据报的处理方式为（　　）。

　　A．直接投递　　　　　　　　　　　B．投递到 10.2.0.5

　　C．投递到 10.3.0.7　　　　　　　　D．丢弃

【解析】当路由器收到 IP 数据报时，提取目标网络地址，然后查找路由表，如果有与目标网络匹配的路由条目，则从该路由条目的下一跳转发出去。如果没有找到与目标网络匹配的路由条目，则继续查找是否有默认路由。如果有默认路由，则从默认路由指定的下一跳转发出去，否则丢弃该 IP 数据报。

【参考答案】（1）B（2）C

【例 12】下列关于静态路由的描述中，错误的是（　　　）。

A．静态路由通常由网络管理员手动建立

B．静态路由不能随着网络拓扑结构的变化而变化

C．静态路由可以在子网划分的网络中使用

D．静态路由已经过时，目前很少使用

【解析】静态路由是在路由器中设置固定的路由信息，除非网络管理员干预，否则静态路由不会发生变化，由于静态路由不能对网络拓扑改变做出反应，适合于网络拓扑结构相对固定的网络。静态路由的优点是简单、高效、可靠，在所有的路由表中，静态路由器的优先级最高，当动态路由与静态路由发生冲突时，以静态路由为准。

【参考答案】D

【例 13】用户利用电话网接入 Internet 时，需要使用调制解调器，其主要作用是（　　　）。

A．进行数字信号和模拟信号之间的变换

B．同时传输数字信号和语音信号

C．放大数字信号，中继模拟信号

D．放大模拟信号，中继数字信号

【解析】用户利用电话网接入 Internet 时，使用调制解调器的主要作用是，在通信的一端将计算机输出的数字信号转变成模拟信号，并在电话线上传输；另一端将电话线上接收的模拟信号转换成计算机能够处理的数字信号。

【参考答案】A

【例 14】下列关于 xDSL 技术的描述中，错误的是（　　　）。

A．xDSL 是各种数字用户线路

B．xDSL 上行速率和下行速率必须对称

C．xDSL 接入 Internet 时，需要使用调制解调器

D．xDSL 可以提供 128Kbit/s 以上的带宽

【解析】xDSL 是各种类型数字用户线路的总称，包括 ADSL、RADSL、VDSL、SDSL、IDSL 和 HDSL 等。xDSL 是一种新的传输技术，在现有的铜质电话线路上采用较高的频率及相应调制技术，即利用在模拟线路中加入或获取更多的数字数据的信号处理技术来获得高传输速率（理论值可达到 52Mbit/s），需要调制解调器来完成 Internet 的接入。各种 DSL 技术最大的区别体现在信号传输速率和距离的不同，以及上行信道和下行信道的对称性不同两个方面。其中，HDSL（高速率数字用户线路）提供的传输速率是对称的，即为上行通信和下行通信提供相等的带宽。

【参考答案】B

【例 15】如果用户计算机通过电话网接入 Internet，那么用户端应具有（　　　）。

A．路由器　　　　　　　　　　　　B．交换机

C．集线器　　　　　　　　　　　　D．调制解调器

【解析】用户利用电话网接入 Internet 时，电话线上传输的是模拟信号，使用调制解调器的主要作用是在通信的一端将计算机输出的数字信号转变成模拟信号，并在电话线上传输；另一端将电话线上接收的模拟信号转换成计算机能够处理的数字信号。

【参考答案】D

【例 16】HFC 采用下列（　　　）接入 Internet。

A．有线电视网　　　　　　　　　　　　B．有线电话网

C．无线局域网　　　　　　　　　　　　D．移动电话网

【解析】光纤同轴混合网（Hybrid Fiber Coax，HFC）是在目前覆盖面很广的有线电视网（CATV）的基础上开发的一种居民宽带接入网。HFC 是把光缆铺设到用户小区，然后通过光电转换节点，利用有线电视的同轴电缆连接到用户，提供综合电信业务的技术。它与早期有线电视同轴电缆的网络不同之处，主要在于主干线上用了光纤传输光信号，在头端需要完成电/光转换，进入用户后，要完成光/电转换。

【参考答案】A

【例 17】请根据下图所示网络拓扑结构，回答下列问题。

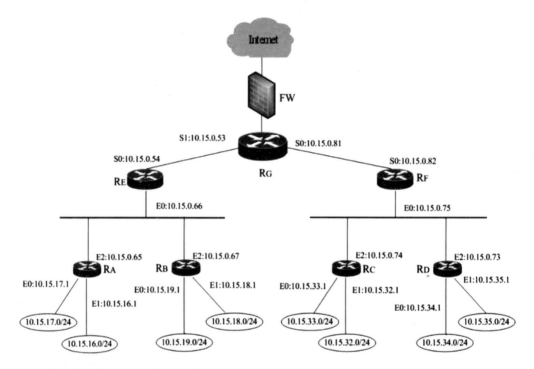

（1）填写路由器 RG 的路由表项。

表 4-4　路由器 RG 的路由表

目标网络（注:掩码长度选可用最大值）	下一跳
①	S0（直接连接）
②	S1（直接连接）
③	10.15.0.82（或本地 S0）
④	10.15.0.54（或本地 S1）
⑤	10.15.0.82（或本地 S0）
⑥	10.15.0.54（或本地 S1）

（2）在不改变路由表项的前提下，请写出在路由器 RE 上最多可再连接的路由器数量_____⑦_____。

（3）如果将 10.15.17.128/25 划分 3 个子网，其中第一个子网能容纳 31 台主机，另外两个子网分别能容纳 15 台主机，第 1 个和第 3 个子网掩码分别是_____⑧_____和_____⑨_____，第 1 个子网最后一个可用 IP 地址是_____⑩_____，第 3 个子网的第 1 个可用 IP 地址是_____⑪_____。（注：请按子网顺序号分配网络地址。）

【解题思路】

本题主要考查的是路由汇聚、子网划分及相关知识。

路由汇聚：把一组路由汇聚为单个的路由条目。路由汇聚的最终结果和最明显的好处是缩小网络上的路由表尺寸，这样将减少与每一个路由跳数有关的延迟，并减少路由条目数量，查询路由表的平均时间将缩短。由于路由条目广播的数量减少，路由协议的开销也将显著减少。路由汇聚的"用意"是采用了一种体系化编址规划后的用一个 IP 地址代表一组 IP 地址的集合方法。除缩小路由表的尺寸之外，路由汇聚还能通过在网络连接断开之后限制路由通信的传播来提高网络的稳定性。假设有以下 4 个路由：

172.18.129.0/24

172.18.130.0/24

172.18.132.0/24

172.18.133.0/24

为了计算方便，只转换网络部分中不相同的 8 位（一个十进制），其算法是：

129 的二进制代码是 10000001

130 的二进制代码是 10000010

132 的二进制代码是 10000100

133 的二进制代码是 10000101

从以上转换中可以看出这四个代码的前五位相同，都是 10000，所以加上前面的 172.18 这两部分相同位数的网络号是 8+8+5=21 位。相同位保持不变，不同位置为 0，即 10000000，转换为十进制数是 128，所以路由汇聚的 IP 地址就是 172.18.128.0，即汇聚后的网络是 172.18.128.0/21。

子网划分：在互联网上有成千上万台主机，为了区分这些主机，人们给每台主机都分配了一个专门的地址作为标识，称为 IP 地址。子网掩码的作用是用来区分网络上的主机是否在同一网络段内，它不能单独存在，而必须结合 IP 地址一起使用。

【参考答案】

（1）路由器 RG 的 S0 端口是由 IP 地址 10.15.0.81、10.15.0.82 组成的微型网络，求网络号的方法是将两个 IP 地址转换成二进制，然后找相同位。不同位取为 0，与相同位一起组成的 IP 地址即为网络号。

10.15.0.81 转换成二进制：00001010.00001111.00000000.01010001

10.15.0.82 转换成二进制：00001010.00001111.00000000.01010010

得出网络号：　　　　　　　　00001010.00001111.00000000.01010000

转换成十进制为 10.15.0.80，其中相同位有 30 位，因此子网掩码是/30。故①处应填入：10.15.0.80/30。

路由器 RG 的 S1 端口是由 IP 地址 10.15.0.53、10.15.0.54 组成的微型网络，求网络号的方法是将两个 IP 地址转换成二进制，然后找相同位。不同位取为 0，与相同位一起组成的 IP 地址即为网络号。为了计算方便，只计算转换最后 8 位。

10.15.0.53 转换成二进制：10.15.0.00110101

10.15.0.54 转换成二进制：10.15.0.00110110

得出网络号：　　　　　　10.15.0.00110100

转换成十进制为 10.15.0.52，其中相同位有 30 位，因此子网掩码是/30。故②处应填入：10.15.0.52/30。

第 3 行 S0 的网络是由 IP 地址 10.15.0.73、10.15.0.74、10.15.0.75 组成的微型网络，求网络号的方法是将这 3 个 IP 地址转换成二进制，然后找相同位。不同位取为 0，与相同位一起组成的 IP 地址即为网络号。

10.15.0.73 转换成二进制：10.15.0.01001001

10.15.0.74 转换成二进制：10.15.0.01001010

10.15.0.75 转换成二进制：10.15.0.01001011

得出网络号：　　　　　　10.15.0.01001000

转换成十进制为 10.15.0.72。该网络有 3 个 IP 地址，$2^n-2 \geq 3$，n 的最小取值为 3，即子网掩码最少是 29（32-3=29）位，才能满足该网络的最少需求。故③处应填入：10.15.0.72/29。

第 4 行 S1 的网络是由 IP 地址 10.15.0.65、10.15.0.66、10.15.0.67 组成的微型网络，求网络号的方法是将这 3 个 IP 地址转换成二进制，然后找相同位。不同位取为 0，与相同位一起组成的 IP 地址即为网络号。

10.15.0.65 转换成二进制：10.15.0.01000001

10.15.0.66 转换成二进制：10.15.0.01000010

10.15.0.67 转换成二进制：10.15.0.01000011

得出网络号：　　　　　　10.15.0.01000000

转换成十进制为 10.15.0.64。该网络有 3 个 IP 地址，$2^n-2 \geq 3$，n 的最小取值为 3，即子网掩码最少是 29（32-3=29）位才能满足该网络的最少需求。故④处应填入：10.15.0.64/29。

第 5 行的 S0 的网络是由 RC 的 E0、E1 端口所在的网络 10.15.32.0/24、10.15.33.0/24 与 RD 的 E0、E1 端口所在的网络 10.15.34.0/24、10.15.35.0/24 组成的微型网络，根据①处的计算方法得出：10.15.32.0/22，故⑤处应填入：10.15.32.0/22。

第 6 行的 S1 的网络是由 RA 的 E0、E1 端口所在的网络 10.15.17.0/24、10.15.16.0/24 与 RB 的 E0、E1 端口所在的网络 10.15.19.0/24、10.3.18.0/24 组成的微型网络，根据①处的计算方法得出：10.15.16.0/22，故⑥处应填入：10.15.16.0/22。

（2）由④处得知，RE 的 E0 端口所在的子网掩码是/29，即主机位是 3（32-29）位，共有 6（2^3-2）个可用 IP 地址。图中已经使用了 3 个 IP 地址，则还剩下 3 个可用的 IP 地址。故⑦应填入：　3　。

（3）第 1 个子网能容纳 31 台主机，加上网络号、直接广播地址则至少需要 33 个 IP 地址（$2^n-2 \geq 31$），其主机号长度应该占 6 位（$2^6=64$），则子网号占 32-6=26 位。故第一个子网掩码是⑧255.255.255.192 或/26。

第 3 个子网能容纳 15 台主机，加上网络号、直接广播地址则至少需要 17 个 IP 地址（$2^n-2>=15$），其主机号长度应该占 5 位（$2^5=32$），则子网号占 32-5=27 位。故第 3 个子网掩码是⑨255.255.255.224 或/27。

第 1 个子网的最后一个可用 IP 地址是第 1 个子网的直接广播地址的前一个地址。直接广播地址是网络位不变，主机位全为 1 的地址。第 1 个子网主机位是后 6 位，将 10.15.17.128 转化成二进制得出 10.15.17.10000000，并将后 6 位置 1 得出 00001010.00001111.00010001.10111111，转化成十进制得出 10.15.17.191。故第 1 个子网最后一个可用 IP 地址是⑩10.15.17.190。

第 2 个子网的网络地址是第 1 个子网的直接广播后的一个地址，即 10.15.17.192。该子网的子网掩码是/27，一共包含了 32 个 IP 地址，可以推算出第 3 个子网的网络地址是 10.15.17.224，第 3 个子网第 1 个可用的 IP 地址是网络地址的后一个地址，即 10.15.17.225，故第 3 个子网的第 1 个可用 IP 地址是⑪10.15.17.225。

21.9　Internet 传输协议

【例1】在 TCP/IP 参考模型中，提供无连接服务的传输层协议是（　　）。

A．TCP　　　　　　B．ARP　　　　　　C．UDP　　　　　　D．ICMP

【解析】TCP 即传输控制协议，它是传输层的一种面向连接的、可靠的传输层通信协议。ARP 即地址解析协议，它是将目标 IP 地址转换成目标 MAC 地址的协议，该协议工作于网络层。UDP 即用户数据报协议，它是传输层中一种无连接的传输层协议，提供面向事务的简单不可靠信息的传送服务。ICMP 即 Internet 控制报文协议，它是 TCP/IP 协议族的一个子协议，用于在 IP 主机、路由器之间传递控制消息。控制消息是指网络通不通、主机是否可达、路由是否可用等网络本身的消息。

【参考答案】C

【例2】在客户端/服务器模型中，服务器标识一个特定的应用服务通常使用（　　）。

A．MAC 地址　　　　B．端口号　　　　　C．线程号　　　　　D．进程号

【解析】在客户端/服务器模型中，服务器通常采用 TCP 协议或 UDP 协议，不同的端口号标识不同的服务。

【参考答案】B

【例3】关于传输层协议的描述中，错误的是（　　）。

A．TCP 可提供面向连接的服务　　　　　B．UDP 的连接建立采用 3 次握手法

C．TCP 利用窗口机制进行流量控制　　　D．UDP 的端口长度为 16 位二进制数

【解析】TCP 协议采用 3 次握手方法来建立连接。而 UDP 是将数据直接封装后就在 IP 数据报中进行发送。

【参考答案】B

【例4】关于 TCP 协议的描述中，错误的是（　　）。

A．TCP 是一种网络层协议　　　　　　B．TCP 支持面向连接的服务

C．TCP 提供流量控制功能　　　　　　D．TCP 支持字节流传输服务

【解析】TCP 协议是一种面向连接的、可靠的、基于 IP 的传输层协议。在流量控制上，采用滑动窗口协议，协议中规定，对于窗口内未经确认的分组需要重传。TCP 提供一种面向连接的、可靠的字节流服务。

【参考答案】A

【例5】在 TCP/IP 参考模型中，提供可靠的端到端服务的层次是（　　）。

A．会话层　　　　　B．表示层　　　　　C．网络层　　　　　D．传输层

【解析】TCP/IP 参考模型可以分为 4 个层次，从低到高依次是：网络接口层、网络层、传输层、应用层。各层次功能如下：网络接口层主要定义物理介质的各种特性；负责接收 IP 数据报并通过网络发送，或者从网络上接收物理帧，抽出 IP 数据报，交给 IP 层。网络层主要功能包括三个方面：一是处理来自传输层的数据；二是处理输入数据报；三是处理路径、流控、拥塞等问题。传输层提供应用程序间的通信，其功能包括格式化信息流和提供可靠传输。应用层主要是向用户提供一组常用的应用程序，如电子邮件、文件传输访问、远程登录等。

【参考答案】D

【**例 6**】下列关于 UDP 的描述中，错误的是（　　　）。

A．是面向无连接的协议　　　　　　　　B．是不可靠的协议

C．是网络层协议　　　　　　　　　　　D．是传输层协议

【**解析**】UDP 是一种无连接的传输层协议，提供面向事务的简单不可靠的数据传送服务。UDP 采用"尽力而为"的交付方式传输数据报，不保证数据报的完整性和正确性。

【参考答案】C

【**例 7**】用端口来标识通信的应用进程，则 HTTP 的端口号是（　　　）。

A．80　　　　　　　　B．20　　　　　　　　C．23　　　　　　　　D．25

【**解析**】常见的端口号包括：域名系统（DNS）的端口号是 53；简单文件传输协议（TFTP）的端口号是 69；简单网络管理协议（SNMP）的端口号是 161；路由信息协议（RIP）的端口号是 520；文件传输协议（FTP-Data）的端口号是 20；文件传输协议（FTP-Control）的端口号是 21；远程登录协议（Telnet）的端口号是 23；简单邮件传输协议（SMTP）的端口号是 25；超文本传输协议（HTTP）的端口号是 80；邮局协议（POP3）的端口号是 110；超文本传输安全协议（HTTPS）的端口号是 443。

【参考答案】A

【**例 8**】在传输层中，通过什么标识不同的应用进程，它由多少位比特组成。下列答案正确的是（　　　）。

A．端口号　16　　　　　　　　　　　　B．IP 地址　32

C．MAC 地址　48　　　　　　　　　　　D．逻辑地址　16

【**解析**】传输层用端口来标识通信的应用进程。传输层是通过端口与应用层的程序进行信息交互的，也就是说传输层地址就是端口，是用来标识应用层的进程的逻辑地址。端口用一个 16 位比特的端口号来标识，每个进程会被分配唯一的端口号，其端口号的有效范围是 0～65535。

【参考答案】A

【**例 9**】TCP 的协议数据单元被称为（　　　）。

A．位　　　　　　　　B．报文段　　　　　　C．分组　　　　　　　D．帧

【**解析**】TCP 的协议数据单元被称为报文段（Segment），TCP 通过报文段的交互来发出请求、确认、建立连接、传输数据、差错控制、流量控制及释放连接。TCP 报文段分为报文段首部和数据两部分。报文段首部包含了 TCP 实现端到端可靠传输所加上的控制信息，数据则是指由应用层传输来的数据。

【参考答案】B

【**例 10**】当使用 TCP 进行数据传输时，如果接收端通知了一个 800 字节的窗口值，那么发送端可以发送（　　　）的报文段。

A．长度为 2000 字节　　　　　　　　　B．长度为 1500 字节

C．长度为 1000 字节　　　　　　　　　D．长度为 500 字节

【**解析**】接收端根据自己的接收能力许诺的窗口值进行接收端的流量控制。接收端将通知窗口的值放在 TCP 报文的首部中，传送给对方，发送端可发送最大的 TCP 报文段的字节数为 800。

【参考答案】D

【例 11】下列关于 TCP 协议和 UDP 协议的描述中，正确的是（　　　）。

A．TCP 是端到端的协议，UDP 是点到点的协议

B．UDP 是端到端的协议，TCP 是点到点的协议

C．TCP 和 UDP 都是端到端的协议

D．TCP 和 UDP 都是点到点的协议

【解析】TCP 和 UDP 都是传输层协议，利用 IP 层可提供端到端的可靠（TCP）和不可靠（UDP）的传输服务。

【参考答案】C

21.10 Internet 应用

【例 1】域名服务系统中域名采用分层次的命名方法，其中 com 是一个顶级域名，它代表（　　）。

A．教育机构　　　　　B．商业组织　　　　　C．政府部门　　　　　D．国家代码

【解析】常见的国际通用顶级域名包括：com 代表商业组织，edu 代表教育机构，gov 代表政府部门，org 代表非营利组织，net 代表网络服务机构，mil 代表军事部门，int 代表国际组织，cn 代表中国等。

【参考答案】B

【例 2】FTP 的数据连接建立模式有两种，它们是（　　）。

A．文本模式与二进制模式　　　　　　　　B．上传模式与下载模式

C．主动模式与被动模式　　　　　　　　　D．明文模式与密文模式

【解析】FTP 的数据连接建立模式有两种：（1）主动模式。客户端向 FTP 服务器的 TCP21 端口发送一个 PORT 命令，请求建立连接，服务器使用 TCP20 端口主动与客户端建立数据连接；（2）被动模式。客户端向 FTP 服务器的 TCP21 端口发送一个 PORT 命令，请求建立连接。

【参考答案】C

【例 3】校园网内的一台计算机无法使用域名而只能使用 IP 地址访问某个 Web 服务器，造成这种情况的原因不可能是（　　）。

A．本地域名服务器无法与外部正常通信

B．提供被访问服务器名字解析的服务器有故障

C．该计算机 DNS 服务器 IP 地址设置有误

D．该计算机与 DNS 服务器不在同一子网

【解析】主机可以利用 IP 地址访问外部服务器，却不能使用域名访问外部服务器，说明域名服务器存在问题。A、B、C 都是域名服务器故障现象，可以排除。

【参考答案】D

【例 4】如果一个用户希望登录到远程主机，并像使用本地主机一样使用远程主机，那么可以使用的应用层协议为（　　）。

A．Telnet　　　　　　B．SNMP　　　　　　C．FTP　　　　　　D．SMTP

【解析】Telnet 是远程登录服务的标准协议和主要方式。在终端使用者的计算机上使用 Telnet 程序，可以用它连接到服务器。终端使用者可以在 Telnet 程序中输入相关命令，这些命令会在服务器上运行，就像直接在服务器的控制台上输入一样。SNMP（Simple Network Management Protocol，即简单网络管理协议）由一组网络管理的标准组成，包含一个应用层协议、数据库模型和一组资源对象。该协议能够支持网络管理系统，用以监测连接到网络上的设备是否有任何引起管理上关注的情况。FTP（File Transfer Protocol，文件传输协议）是 TCP/IP 网络上两台计算机传送文件的协议，而是在 TCP/IP 网络和 Internet 上最早使用的协议之一，属于网络协议组的应用层。SMTP（Simple Mail Transfer Protocol，简单邮件传输协议）是一组用

于由源地址到目标地址传送邮件的规则，可控制信件的中转方式。

【参考答案】A

【例 5】如果在一台主机的 Windows 环境下执行 "ping www.pku.edu.cn" 命令得到下列信息：

Ping www.pku.edu.cn [162.105.131.113] with 32 bytes of data:

Request timed out.

Request timed out.

Request timed out.

Request timed out.

Ping statistics for 162.105.131.113:

Packets: Sent=4, Received=0, Lost=4 （100% loss）

那么下列结论中无法确定的是（　　）。

A．为 www.pku.edu.cn 提供名字解析的服务器工作正常

B．本机配置的 IP 地址可用

C．本机使用的 DNS 服务器工作正常

D．本机的网关配置正确

【解析】执行 ping www.pku.edu.cn 命令得到 IP 地址为 162.105.131.113，说明本机所配 IP 可用，DNS 服务器和域名解析服务器工作都正常，但无法检测出本机的网关配置是否正确。

【参考答案】D

【例 6】下列不属于 DNS 服务器配置的主要参数是（　　）。

A．自治区域　　　　B．资源记录　　　　　C．正向查找区域　　　　　D．反向查找区域

【解析】DNS 服务器配置的主要参数包括正向查找区域、反向查找区域和资源记录。（1）正向查找域（将域名映射到 IP 地址数据库，用于将域名解析为 IP 地址）；（2）反向查找域（将 IP 地址映射到域名数据库，用于将 IP 地址解析为域名）；（3）资源记录（区域中的一组结构化记录，包括主机地址资源记录、邮件交换器资源记录和别名资源记录）。自治区域不属于 DNS 服务器配置的主要参数，故选 A。

【参考答案】A

【例 7】将私有 IP 地址转换为公用 IP 地址的技术是（　　）。

A．ARP　　　　　　B．DHCP　　　　　　C．UTM　　　　　　D．NAT

【解析】NAT 技术是网络地址转换技术，用于将私有 IP 地址转换为公用 IP 地址。ARP 是地址解析协议，通过 IP 地址查找 MAC 地址。动态主机配置协议（DHCP）是局域网的网络协议，使用 DHCP 协议工作主要有两个用途：给内部网络或网络服务供应商自动分配 IP 地址；给用户或内部网络管理员作为对所有计算机进行中央管理的手段。安全网关（UTM）是指统一威胁管理，即将防病毒、入侵检测和防火墙安全设备划归统一威胁管理的新类别。

【参考答案】D

【例 8】为了保证传输的安全性，某 Web 网站要求用户使用 SSL 协议。如果该网站的域名为 www.ok.edu.cn，用户访问该网站使用的 URL 应为（　　）。

A．http://www.ok.edu.cn　　　　　　　　B．https://www.ok.edu.cn

C．ftp://www.ok.edu.cn　　　　　　　　D．tftp://www.ok.edu.cn

【解析】SSL（Secure Sockets Layer，安全套接层）及其继任者传输层安全（Transport Layer Security，TLS）是为网络通信提供安全，以及数据完整性的一种安全协议。HTTPS 是以安全为目标的 HTTP 通道，简单来讲是 HTTP 的安全版，即 HTTP 下加入 SSL 层，HTTPS 的安全基础是 SSL。如果用户想在 Web 网站上使用 SSL 协议，则 URL 头必须采用 HTTPS 开始。

【参考答案】B

【例 9】下列协议中不是电子邮件协议的是（　　　）。

A. CMIP　　　　　　　　B. IMAP4　　　　　　　　C. POP3　　　　　　　　D. SMTP

【解析】电子邮件系统使用的协议主要有：（1）简单邮件传送协议（SMTP），用于发送电子邮件或在邮件系统间传送电子邮件，SMTP 默认的 TCP 端口号为 25；（2）第 3 版本邮局协议（POP3），默认的 TCP 端口号为 110，用户使用 POP3 协议可以访问并读取邮件服务器上的邮件信息；（3）第 4 版 Internet 消息访问协议（IMAP4），用于客户端管理邮件服务器上的邮件的协议，默认的 TCP 端口号为 143；（4）公共管理信息协议（CMIP）是一种基于 OSI 参考模型的网络管理协议。

【参考答案】A

【例 10】在 IIS 6.0 中用虚拟服务器构建多个网站时，不能使用的方法是（　　　）。

A. 用不同的主机名称　　　　　　　　　　　　　B. 用非标准的 TCP 端口

C. 用不同的 IP 地址　　　　　　　　　　　　　　D. 用不同的传输层协议

【解析】同一服务器上的多个网站可以使用标识符进行区分，常见的有：主机名称，在多数情况下推荐使用此方法；IP 地址，主要用于在同一台服务器上提供优质、安全的 HTTPS 服务；非标准 TCP 端口号，通常不推荐使用此方法，可用于专有网站开发和测试目的。

【参考答案】D

【例 11】下列关于邮件系统工作过程的描述中，错误的是（　　　）。

A. 用户使用客户端软件创建新邮件

B. 客户端软件使用 SMTP 协议将邮件发送到接收端的邮件服务器

C. 接收端的邮件服务器将收到的邮件存储在用户的邮箱中等待用户处理

D. 接收端客户端软件使用 POP3 或 IMAP4 协议从邮件服务器读取邮件

【解析】邮件系统的工作过程如下：（1）用户使用客户端软件创建新邮件；（2）客户端软件使用 SMTP 协议将邮件发送到发送端的邮件服务器；（3）发送端邮件服务器使用 SMTP 协议将邮件发送到接收端的邮件服务器；（4）接收端的邮件服务器将收到的邮件存储在用户的邮箱中等待用户处理；（5）接收端客户端软件使用 POP3 或 IMAP4 协议从邮件服务器读取邮件。

【参考答案】B

【例 12】在已获取 IP 地址的 DHCP 客户端上执行"ipconfig /release"命令后，其 IP Address 和 Subnet Mask 分别为（　　　）。

A. 169.254.161.12 和 255.255.0.0　　　　　　　B. 0.0.0.0 和 0.0.0.0

C. 127.0.0.1 和 255.255.255.255　　　　　　　D. 127.0.0.1 和 255.0.0.0

【解析】"ipconfig /release"命令可以释放已经获得的地址租约，使其 IP Address 和 Subnet Mask 均为 0.0.0.0。

【参考答案】B

【例 13】下列关于 DHCP 服务器的描述中，错误的是（   ）。

A．负责多个网段 IP 地址分配时需配置多个作用域

B．添加保留时需在 DHCP 客户端上获得其 MAC 地址信息

C．保留是指 DHCP 服务器指派的永久地址租约，客户端不能释放该租约

D．收到非中继转发的"DHCP 发现"消息时，选择收到该消息的子网所处的网络分配 IP 地址

【解析】每一个作用域都需要设置可分配的 IP 地址，所以 DHCP 服务器负责多个网络 IP 地址分配时需配置多个作用域。添加保留时需要输入保留名称、IP 地址、MAC 地址、描述和支持类型等。保留是指确保 DHCP 客户端永远可以得到同一个 IP 地址，客户端可以释放该租约。收到非中继转发的"DHCP 发现"消息时，会选择收到"DHCP 发现"消息的子网所处的网络分配 IP 地址。

【参考答案】C

【例 14】当 IP 包头中 TTL 值减为 0 时，路由器发出的 ICMP 报文类型为（   ）。

A．重定向　　　　　　B．超时　　　　　　C．目标不可达　　　　　　D．时间戳请求

【解析】每个 IP 数据报的头部都有一个"生存期"（TTL）字段，该字段有 8 个比特，取值范围为 0～255。当 IP 数据报在网络中传输时，每经过一个路由器（一跳，Hop），该字段的值便减少 1。一个 IP 数据报从源节点出发时，其 TTL 值被设定一个初始值（如 32），经过一跳一跳的传输，如果这个 IP 数据报的 TTL 减至 0，路由器就会丢弃此包。此时，该路由器上的 ICMP 便会发出一个"超时"的 ICMP 报文。

【参考答案】B

【例 15】下列关于 WWW 服务器的描述中，错误的是（   ）。

A．访问 Web 站点时必须使用该站点的域名

B．建立 Web 站点时必须为该站点指定一个主目录

C．若 Web 站点未设置默认内容文档，访问站点时必须提供首页内容的文件名

D．Web 站点的性能选项包括影响带宽使用的属性和客户端 Web 连接的数量

【解析】访问 Web 站点时可以使用该网站的域名，也可以使用该网站的 IP 地址。

【参考答案】A

【例 16】下列可以用于测试域名到 IP 地址转换的命令是（   ）。

A．arp　　　　　　B．ipconfig　　　　　　C．nslookup　　　　　　D．netstat

【解析】arp 命令用于显示和修改 ARP 表项。ipconfig 命令用于显示当前 TCP/IP 网络配置。nslookup 命令用于测试域名到 IP 地址的转换。netstat 命令用来显示本机与远程计算机的基于 TCP/IP 的 NetBIOS 的统计及连接信息。

【参考答案】C

【例 17】在 DHCP 服务器中新建作用域时，在租约期限中不可调整的时间单位是（   ）。

A．周　　　　　　B．天　　　　　　C．小时　　　　　　D．分钟

【解析】在 DHCP 服务器中新建作用域时，租约期限中限制默认为 8 天 0 时 0 分。没有出现周的时间单位，故周不可以调整。

【参考答案】A

【例 18】下列关于客户端/服务模式，描述正确的是（　　）。

A．客户端主动请求，服务器被动等待　　B．客户端和服务器都主动请求

C．客户端被动等待，服务器主动请求　　D．客户端和服务器都被动等待

【解析】客户端可以主动向服务器发出服务请求，服务器做出响应，服务器被动等待来自客户端的请求。

【参考答案】A

【例 19】Internet 的域名解析需要借助一组既独立又协作的域名服务器来完成，这些域名服务器组成的逻辑结构为（　　）。

A．总线型　　　　B．树状　　　　　C．星状　　　　　　D．环状

【解析】Internet 域名是一个树状层次结构，域名解析需要借助一组既独立又协作的域名服务器来完成。

【参考答案】B

【例 20】用户已知三个域名服务器的 IP 地址和名字，分别是 202.130.82.97，dns.abc.edu.cn；130.25.98.3，dns.abc.com；195.100.28.7，dns.abc.net。则用户必须从三个中选择其中一个，作为本地计算机的 DNS 服务器地址的是（　　）。

A．dns.abc.edu.cn　　　　　　　　B．dns.abc.com

C．dns.abc.net　　　　　　　　　　D．195.100.28.7

【解析】主机名只能为用户提供一种方便记忆的手段，计算机之间并不能直接使用主机名进行通信，而是使用 IP 地址来完成数据的通信。

【参考答案】D

【例 21】对于域名为 www.zhyp.com.cn 的主机，下列描述正确的是（　　）。

A．它一定支持 WWW 服务　　　　B．它一定支持 DNS 服务

C．它一定支持 FTP 服务　　　　　D．以上都不正确

【解析】对于域名为 www.zhyp.com.cn 的主机，只代表某一台主机，并不能确定其所支持的服务。

【参考答案】D

【例 22】Internet 用户使用 FTP 的主要目的是（　　）。

A．发送和接收即时消息　　　　　B．发送和接收邮件

C．上传文件和下载文件　　　　　D．浏览网页

【解析】FTP 是文件传输协议，主要提供文件传输服务，也就是上传文件和下载文件。

【参考答案】C

【例 23】如果 test.exe 文件存储在一个名为 ok.edu.cn 的 FTP 服务器上，那么下载该文件使用的 URL 为（　　）。

A．http://ok.edu.cn/test.exe　　　　B．ftp://ok.edu.cn/test.exe

C．https://ok.edu.cn/test.exe　　　　D．ok.edu.cn/test.exe

【解析】URL 是统一资源定位符，FTP 文件服务器使用的协议类型为 FTP 协议。

【参考答案】B

【例 24】下列 URL 中，错误的是（　　）。

A．html://abc.edu.cn   B．http://abc.com

C．ftp://abc.net   D．https://abc.com

【解析】URL 是统一资源定位符，访问方式是协议，而 HTML 是超文本标记语言。

【参考答案】A

【例 25】FTP 使用（　　　）端口进行数据传输。

A．20   B．21   C．23   D．25

【解析】FTP 使用两条 TCP 连接，一条是由客户端发起连接的"控制连接"，端口号为 21，用来传输 FTP 控制命令；一条是由服务器发起连接的"数据连接"，端口号为 20，用来传输数据。这是两条独立的连接，不会互相干扰，可使协议更容易实现。

【参考答案】A

【例 26】电子邮件系统是互联网上最重要的网络应用之一，电子邮件系统的核心是（　　　）。

A．用户代理   B．邮件服务器

C．邮件协议   D．邮件服务管理工具

【解析】电子邮件是 Internet 上最常用的网络应用之一，电子邮件系统由用户代理、邮件服务器和邮件协议组成。其中，邮件服务器是电子邮件系统的核心，分为发送邮件服务器和接收邮件服务器。

【参考答案】B

【例 27】某用户在域名为 mail.zhyp.edu.cn（假设 IP 地址为 210.31.208.3）的邮件服务器上申请了一个账号，账号名为 zhyp，那么该用户的电子邮箱地址为（　　　）。

A．mail.zhyp.edu.cn@zhyp   B．zhyp@210.31.208.3

C．zhyp%mail.zhyp.edu.cn   D．zhyp@mail.zhyp.edu.cn

【解析】电子邮件的格式为：信箱名@邮箱所在邮件服务器的域名。邮箱名又称为用户名，是 ISP 邮件服务器上唯一的名称。邮件服务器域名是 Internet 上唯一的，因此，电子邮件地址也是 Internet 上唯一的。

【参考答案】D

【例 28】POP3 服务器用来（　　　）邮件。

A．接收   B．发送   C．接收和发送   D．以上都不正确

【解析】邮件协议包括发送邮件协议和邮件读取协议。发送邮件协议有简单邮件传输协议（SMTP）和多用途互联网邮件扩展类型（MIME）等。邮件读取协议通常有邮局协议（POP）和互联网邮件访问协议（IMAP）等。现在使用的 POP3 是邮局协议的第 3 个版本。IMAP 现在较新的版本是 IMAP4。

【参考答案】A

【例 29】HTML 是指（　　　）。

A．超文本标记语言   B．超文本文件

C．超媒体文件   D．超文本传输协议

【解析】超文本标记语言是万维网上页面标准化的基础，是万维网页面制作的标准语言。HTML 定义了许多用于排版的命令（标签）。HTML 把各种标签嵌入万维网的页面中，构成

了所谓的 HTML 文档。

【参考答案】A

【**例 30**】在 TCP/IP 网络中，WWW 服务器与浏览器之间的信息传递使用（　　）协议。

A．HTTP　　　　　　B．FTP　　　　　　C．TCP　　　　　　D．IP

【**解析**】超文本传输协议（HTTP）是万维网客户端与服务器交互的协议，是万维网能正常运行的基础保障。HTTP 是一个应用层的面向对象的协议，使用 TCP 连接，是万维网上能够可靠地交换文件的重要基础。

【参考答案】A

【**例 31**】下列关于 WWW 服务描述中，错误的是（　　）。

A．WWW 服务采用的传输协议是 HTTP

B．WWW 服务采用的是客户端/服务器工作模式

C．客户端应用程序为浏览器

D．用户访问外部服务器，不需要知道服务器的 URL 地址

【**解析**】万维网以客户/服务器模式工作。浏览器就是在用户计算机上的万维网客户程序。万维网文档所驻留的计算机则运行服务器程序，因此这个计算机也称为万维网服务器。WWW 采用的传输协议是 HTTP。统一资源定位符（URL）是对可以从互联网上得到的资源的位置和访问方法的一种简洁表示，是互联网上资源的地址。互联网上的每个文件都有一个唯一的 URL，所包含的信息指出文件的位置及使用何种协议进行处理。

【参考答案】D

【**例 32**】下列关于 HTML 描述中，错误的是（　　）。

A．HTML 可以包含指向其他文档的链接项

B．HTML 可以将声音、图像和视频等文件压缩成一个文件

C．符合 HTML 规范文件一般具有.html 或.htm 后缀

D．网页由超文本标记语言（HTML）编写实现

【**解析**】网页由超文本标记语言（HTML）编写实现，并在网页之间建立超文本链接以便浏览。文本标记语言之所以称为超文本标记语言，是因为文本中包含了所谓"超级链接"点。超文本标记语言是万维网上页面标准化的基础，是万维网页面制作的标准语言。HTML 定义了许多用于排版的命令（标签）。HTML 把各种标签嵌入万维网的页面中，构成了所谓的 HTML 文档，其扩展名为*.htm 或*.html。HTML 不可将声音、图像和视频等文件压缩成一个文件。

【参考答案】B

21.11 认识网络安全

【例1】下列网络安全设备中，不能部署在网络出口的是（　　）。

A．网络版防病毒　　　　　　　　　　B．系统防火墙

C．入侵防护系统　　　　　　　　　　D．统一威胁管理 UTM

【解析】防病毒工具必须能够针对网络中各个可能的病毒入口进行防护，不能处于网络出口的位置。具备入侵防御功能的设备通常部署在服务器前或网络出口两个位置。统一威胁管理（UTM）部署在网络出口位置，其保护目标是网络。

【参考答案】A

【例2】以下不属于网络安全评估内容的是（　　）。

A．数据加密　　　　　B．漏洞检测　　　　　C．风险评估　　　　　D．安全审计

【解析】网络安全风险评估系统是一种集网络安全检测、风险评估、修复、统计分析和网络安全风险集中控制管理功能于一体的网络安全设备。网络安全评估包括漏洞检测、修复建议和整体建议等方面。

【参考答案】A

【例3】通过伪造某台主机的 IP 地址窃取特权的攻击方式属于（　　）。

A．木马入侵攻击　　　　B．漏洞入侵攻击　　　　C．协议欺骗攻击　　　　D．拒绝服务攻击

【解析】协议欺骗攻击方式有：（1）IP 欺骗攻击；（2）ARP 欺骗攻击；（3）DNS 欺骗攻击；（4）源路由欺骗攻击。其中，IP 欺骗攻击是通过伪造某台主机的 IP 地址骗取特权，进而进行攻击的技术。

【参考答案】C

【例4】下列关于漏洞扫描技术和工具的描述中，错误的是（　　）。

A．X-Scanner 工具可以对路由器、交换机、防火墙等设备进行安全漏洞扫描

B．是否支持可定制的攻击方法是漏洞扫描器的主要性能指标之一

C．主动扫描可能会影响网络系统的正常运行

D．选择漏洞扫描产品时，用户可以使用公共漏洞和暴露（CVE）作为评判工具的标准

【解析】X-Scanner 运行在 Windows 平台下，主要针对 Windows NT/Windows 2000/Windows XP 操作系统的安全进行全面细致的评估。基于网络的漏洞扫描器主要扫描设定网络内的服务器、路由器、交换机和防火墙等设备的安全漏洞。漏洞扫描器的主要性能指标有速度、发现漏洞数量、是否支持可定制攻击方法、报告和更新周期。主动扫描带有入侵的意味，可能会影响网络系统的正常运行。公共漏洞和暴露（CVE）是个行业标准，可以成为评价相应入侵检测和漏洞扫描等工具产品和数据库的基准。

【参考答案】A

【例5】关于网络安全管理的描述中，错误的是（　　）。

A．保证网络绝对安全　　　　　　　　B．管理授权机制

C．维护安全日志　　　　　　　　　　D．跟踪入侵活动

【解析】网络安全管理的主要作用是采用多层防卫手段，将受到侵扰和破坏的概率降到最

低，提供迅速检测非法使用和非法入侵初始点的手段，核查跟踪入侵者的活动、提供恢复被破坏的数据和系统的手段，尽量降低损失和提供查获入侵者的手段。

【参考答案】A

【例 6】关于被动攻击的描述中，正确的是（　　　）。

A．DOS 是典型的此类攻击　　　　　B．消息重放属于被动攻击

C．加密是常用的防范手段　　　　　D．比主动攻击容易发现

【解析】被动攻击的特性是对传输进行窃听和监测。攻击者的目标是获得传输的信息。信息内容泄露和流量分析就是两种被动攻击。被动攻击由于不涉及对数据的更改，所以很难察觉，一般采用加密作为防范手段。DOS 和消息重放属于主动攻击。

【参考答案】C

【例 7】下列攻击方法中，属于被动攻击的是（　　　）。

A．DOS 攻击　　　B．消息重放攻击　　　C．假冒攻击　　　D．通信量分析攻击

【解析】常见的网络安全威胁分为被动攻击和主动攻击两大类。被动攻击是指攻击者从网络上窃听他人的通信内容，通常把这类攻击称为截获。在被动攻击中，攻击者只是观察和分析某一个协议数据单元 PDU，以便了解所交换数据的某种性质。但不干扰信息流，这种被动攻击又称为流量分析。主动攻击是指攻击者对传输中的数据流进行各种处理，主要包括篡改（攻击者故意篡改网络上传送的报文）、中断（攻击者有意中断他人在网络上的通信）、伪造（攻击者伪造信息在网络上发送）、恶意程序（计算机病毒、计算机蠕虫、特洛伊木马、逻辑炸弹、后门入侵、流氓软件等）、消息重放和拒绝服务等。

【参考答案】D

【例 8】下列方法不能用于计算机病毒检测的是（　　　）。

A．自身校验　　　　　　　　　　　B．加密可执行程序

C．关键字检测　　　　　　　　　　D．判断文件长度

【解析】网络反病毒技术包括预防病毒、检测病毒和杀毒三种技术，检测病毒技术是对计算机病毒的特征进行判断的技术，如自身校验、关键字、文件长度的变化等。

【参考答案】B

【例 9】下列关于计算机病毒的描述中，错误的是（　　　）。

A．计算机病毒就是一段程序　　　　B．计算机病毒具有自我复制的能力

C．计算机病毒一般隐蔽性比较强　　D．计算机病毒一旦感染，就无法消除

【解析】计算机病毒是指进入计算机数据处理系统中的一段程序或一组指令，它们能在计算机内反复地自我繁殖和扩散，危及计算机系统或网络的正常工作，造成种种不良后果，最终使计算机系统或网络发生故障甚至瘫痪。计算机病毒隐蔽性较强，一旦感染可以使用杀毒软件进行查杀并不是无法消除。

【参考答案】D

【例 10】截取是指未授权的实体得到了资源的访问权，这是下列（　　　）安全性的攻击。

A．可用性　　　　B．机密性　　　　C．合法性　　　　D．完整性

【解析】截取是安全攻击的一种，它是指未授权的实体得到了资源的访问权，是对机密性的攻击。

【参考答案】B

【例 11】下列网络威胁中，不属于信息泄露的是（　　）。

A．数据窃听　　　　　B．流量分析　　　　　C．拒绝服务攻击　　　D．偷窃用户账户

【解析】信息泄露包括信息在传输中丢失或泄露、信息在存储介质中丢失或泄露、通过建立隐蔽通道等窃取敏感信息。数据窃听、流量分析和偷窃用户账号均属于信息泄露，而拒绝服务是对网络服务系统进行干扰，影响正常用户的使用。

【参考答案】C

【例 12】端到端加密方式是网络中进行数据加密的一种重要方式，其加密、解密在（　　）进行。

A．源节点和中间节点　　　　　　　　　B．中间节点和目的节点

C．中间节点和中间节点　　　　　　　　D．源节点和目的节点

【解析】在端到端加密方式中，由发送端加密的数据在没有到达最终目的节点前是不被解密的。加密和解密只在源节点和目的节点进行。

【参考答案】D

【例 13】如果发送端使用的加密密钥和接收端使用的解密密钥不相同，从其中一个密钥难以推断出另一个密钥，这种系统称为（　　）。

A．常规加密系统　　　　　　　　　　　B．单密钥加密系统

C．私钥加密系统　　　　　　　　　　　D．公钥加密系统

【解析】对称加密法又称秘密钥匙加密法，其特点是加密明文和解读密文时使用的是同一把钥匙，即加密密钥可以作为解密密钥。公开密钥法也称非对称加密法，特色是完成一次加、解密操作时，需要使用一对钥匙。这一对钥匙为公钥和私钥，则用公钥加密明文后形成的密文，必须用私钥解密回明文；反之，用私钥加密后形成的密文必须用公钥解密。也就是说，非对称加密有两个不同的钥匙，分别为公钥和私钥，私钥用户自行妥善保存，公钥不需要保密。公钥加密算法和公钥通常是公开的，很难从一个密钥推出另一个密钥。

【参考答案】D

【例 14】对称加密技术的安全性主要取决于（　　）。

A．密文的保密性　　　　　　　　　　　B．解密算法的保密性

C．加密算法的保密性　　　　　　　　　D．密钥的保密性

【解析】在对称加密技术中，通信双方对信息的加密和解密都使用相同的密钥，因此必须用安全的方式来获得保密密钥副本，以保证密钥的安全。也就是说，对称加密技术的安全性取决于密钥的保密性，而不是算法的保密性。

【参考答案】D

【例 15】在认证过程中，如果明文由 A 发送到 B，那么对明文进行签名的密钥是（　　）。

A．A 的私钥　　　　　B．A 的公钥　　　　　C．B 的公钥　　　　　D．B 的私钥

【解析】在认证过程中，发送者使用自己的私钥加密，接收者使用发送者的公钥解密。

【参考答案】A

【例 16】下列关于公钥加密技术的描述中，错误的是（　　）。

A．加密和解密使用不同的密钥　　　　　B．公钥不需要保密

C．一定比常规加密更安全　　　　　　　　D．常用于数字签名和认证等方面

【解析】从防止密码分析的角度来看，常规加密和公钥加密并没有任何一点能使其中一个比另一个更优越，所以，公钥加密比常规加密更安全的说法是不全面的。

【参考答案】C

【例17】为了确定信息在网络传输中是否被他人篡改，一般采用的技术是（　　　　）。

A．防火墙技术　　　　B．数据库技术　　　　C．文件交换技术　　　　D．消息认证技术

【解析】消息认证的内容包括证实消息的信源和信宿、消息内容是否曾受到过偶然或有意的篡改、消息的时间性是否正确。

【参考答案】D

【例18】认证是防止（　　　　）攻击的重要技术。

A．主动　　　　　　　B．被动　　　　　　　C．黑客　　　　　　　D．偶然

【解析】认证是防止主动攻击的重要技术，它对开放环境中的各种信息系统的安全有着重要的作用，主要解决的是网络通信过程中通信双方的身份认证。

【参考答案】A

【例19】下列关于防火墙的描述中，错误的是（　　　　）。

A．可以对进出内部网络的分组进行过滤　　　B．可以部署在企业内部网和互联网之间

C．可以查、杀病毒　　　　　　　　　　　　D．可以对请求服务的用户进行控制

【解析】防火墙的功能有两个，就是"阻止"和"允许"。"阻止"就是过滤某种类型的通信量通过防火墙（从外部网络到内部网络，或反过来）。"允许"则与"阻止"恰好相反。防火墙必须能够识别各种类型的通信量。不过在大多数情况下防火墙的主要功能是"阻止"。防火墙并非万能的，影响网络安全的因素很多，对于以下情况它无能为力：如不能防范绕过防火墙的攻击；一般的防火墙不能防止受到病毒感染的软件或文件的传输；难以防范来自内部的攻击。

【参考答案】C

【例20】若每次打开 Word 编辑文档时，计算机都会把文档传送到另一台 FTP 服务器，那么就可以怀疑计算机被黑客植入了（　　　　）。

A．特洛伊木马　　　　B．病毒　　　　　　　C．FTP 匿名访问　　　　D．钓鱼程序

【解析】特洛伊木马（Trojan Horse）是一种在表面功能掩护下执行非授权功能的程序，如一个伪造成编辑器软件的特洛伊木马程序，会在用户编辑一个机密文件时，偷偷将该文件内容通过网络发送给攻击者，以窃取机密信息。

【参考答案】A

21.12 综合测试题

一、单选题（每题 1 分，共计 35 分）

1. $2.5×10^{12}$bit/s 的数据传输速率可以表示为（   ）。

　　A．2.5Kbit/s　　　　　B．2.5Mbit/s　　　C．2.5Gbit/s　　　D．2.5Tbit/s

2. 以太网采用的信道传输方式是（   ）。

　　A．基带传输　　　　　B．频带传输　　　C．宽带传输　　　D．模拟传输

3. ISO 在网络体系结构方面取得的最重要成果是（   ）。

　　A．组建 ARPANET 网　　　　　　　　B．制定 TCP 协议

　　C．制定 OSI 参考模型　　　　　　　　D．开展 WSN 研究

4. 下列关于综合布线系统的描述中，错误的是（   ）。

　　A．STP 比 UTP 的抗电磁干扰能力强

　　B．管理子系统提供与其他子系统连接的手段

　　C．对于建筑群子系统来说，架空布线是最理想的方式

　　D．对高速率终端用户可直接铺设光纤到桌面

5. 下列关于共享介质局域网的描述中，错误的是（   ）。

　　A．采用广播方式发送数据　　　　　　B．所有网络节点使用同一共享介质

　　C．不需要介质访问控制方法　　　　　D．数据在传输过程中可能会出现冲突

6. 1000Base-T 标准支持的传输介质是（   ）。

　　A．单模光纤　　　　　　　　　　　　B．多模光纤

　　C．非屏蔽双绞线　　　　　　　　　　D．屏蔽双绞线

7. 在一栋办公楼的 1～3 层各安装一台交换机，将分布在不同楼层但同属于财务部门的 9 台 PC 分别连接在这 3 台交换机的端口上，为了控制对财务部门的访问，提高其网络的安全性和易管理性，最好的解决方案是（   ）。

　　A．改变物理连接，将 9 台 PC 全部移到同一层

　　B．使用路由器，并用访问控制列表控制主机之间的数据流

　　C．产生一个 VPN，并使用 VTP 通过交换机的 Trunk 传播给 9 台 PC

　　D．在每台交换机上建立一个相同的 VLAN，将连接 9 台 PC 的交换机端口都分配到这个 VLAN 中

8. 下列 IP 地址有效的是（   ）。

　　A．10.280.130.45　　　　　　　　　　B．210.192.290.45

　　C：256.192.33.45　　　　　　　　　　D．172.202.13.45

9. 某企业产品部的 IP 地址块为 211.168.15.192/26，市场部的 IP 地址块为 211.168.15.160/27，财务部的 IP 地址块为 211.168.15.128/27，这三个地址块经聚合后的地址为（   ）。

　　A．211.168.15.0/25　　　　　　　　　B．211.168.15.0/26

　　C．211.168.15.128/25　　　　　　　　D．211.168.15.128/26

10. 下列关于计算机网络描述，不准确的是（　　）。

　　A. 是通信技术与计算机技术结合的产物

　　B. 是由计算机与传输介质组成的硬件系统

　　C. 组建计算机网络目的是资源共享

　　D. 通信双方应遵循相同的协议

11. 下列关于计算机网络分类方法中，哪一组分类方法有误（　　）。

　　A. 局域网和广域网　　　　　　　　　　　B. 局域网和广域网

　　C. 环状网络拓扑和星状网络拓扑　　　　　D. 有线网络和无线网络

12. IP 地址 192.1.1.2 属于（　　），其默认的子网掩码为（　　）。

　　A. B 类　255.255.0.0　　　　　　　　　B. A 类　255.0.0.0

　　C. C 类　255.255.0.0　　　　　　　　　D. C 类 255.255.255.0

13. 在 OSI 参考模型中物理层不包括的特性是（　　）。

　　A. 机械特性　　　B. 电气特性　　　　C. 化学特性　　　D. 功能特性

14. 在计算机网络中，将 IP 地址映射为 MAC 地址的协议是（　　）。

　　A. ARP　　　　　B. ICMP　　　　　　C. RARP　　　　　D. SMTP

15. 下列属于数据链路层的设备是（　　）。

　　A. 集线器　　　　B. 中继器　　　　　C. 网桥　　　　　D. 路由器

16. Internet 的基本结构与技术起源于（　　）。

　　A. DECnet　　　B. ARPANET　　　　C. NOVELL　　　D. UNIX

17. 计算机网络的体系结构是指（　　）。

　　A. 计算机网络的层次结构和协议的集合　B. 计算机网络的连接形式

　　C. 计算机网络的协议族合　　　　　　　D. 由通信线路连接起来的网络系统

18. 以下关于网络传输介质的叙述正确的是（　　）。

　　A. 5 类 UTP 比 3 类 UTP 具有更高的绞合密度

　　B. 光纤中传送的电信号不会受到外界干扰

　　C. 双绞线绞合的目的是提高线缆的机械强度

　　D. 局域网中双绞线标准接口是 RJ11

19. 关于网络协议以下说法不正确的是（　　）。

　　A. 是相互通信的实体间所遵循的规则和标准

　　B. 通信双方必须使用相同的协议

　　C. 协议包括语法、语义、时序三要素

　　D. TCP/IP 协议是所有计算机网络所必需的协议

20. 默认情况下，交换机上所有端口属于 VLAN（　　）。

　　A. 0　　　　　　　B. 1　　　　　　　　C. 1024　　　　　D. 8081

21. 下列各项中属于 B 类私用 IP 地址的是（　　）。

　　A. 102.204.24.1　　　　　B. 172.15.24.1　　　　　C. 172.16.24.1

　　D. 172.32.24.1　　　　　E. 192.168.0.1

22. 下列有关路由器说法不正确的是（　　）。

　　A. 路由器具有很强的异构网络互联能力

B．具有隔离广播的能力

C．路由器具有基于 IP 地址的路由选择和数据转发功能

D．路由器转发数据包依靠 MAC 地址和端口映射表

23．下面关于 TCP 协议描述不正确的是（　　）。

A．是面向连接、可靠的协议

B．提供有序可靠全双工虚电路传输服务

C．它采用认证、重传机制等方式确保数据的可靠传输，为应用程序提供完整的传输层服务

D．是传输层唯一的协议，适合少量数据信息的传输

24．电子邮件地址的一般格式为（　　）。

A．用户名@域名　　　　　　　　　　B．域名@用户名

C．IP 地址@域名　　　　　　　　　　D．域名@IP 地址

25．DNS 的作用是（　　）。

A．为客户端分配 IP 地址　　　　　　B．访问 HTTP 的应用程序

C．将域名翻译为 IP 地址　　　　　　D．将 MAC 地址翻译为 IP 地址

26．对 OSI 参考模型各层对应的数据描述不正确的是（　　）。

A．应用层、表示层和会话层的数据统称为协议数据单元

B．网络层的数据被称为分组

C．传输层的数据被称为报文段

D．物理层的数据被称为数据帧

27．如果 sam.rar 文件存储在一个名为 ok.edu.on 的 ftp 服务器上，则下载该文件使用的 URL 为（　　）。

A．http://ok.edu.cn/sam.rar　　　　　B．ftp://ok.edu.on/sam.rar

C．https://ok.edu.cn/sam.exe　　　　　D．ok.edu.cn/sam.exe

28．如果子网掩码是 255.255.255.192，主机地址为 195.16.15.14，则在该子网掩码下最多可以容纳多少个主机（　　）。

A．254　　　　　　B．126　　　　　　C．62　　　　　　D．30

29．利用电话线路接入 Internet，带有网卡的用户计算机必须具有（　　）设备。

A．路由器　　　　B．调制解调器　　　C．交换机　　　　D．无线路由器

30．以太网是（　　）标准的具体实现。

A．IEEE 802.3　　B．IEEE 802.4　　C．IEEE 802.1Q　　D．IEEE 802.z

31．在同一个信道上的同一时刻，能够进行双向数据传送的通信方式是（　　）。

A．单工　　　　　B．半双工　　　　　C．全双工　　　　D．上述三种均不是

32．关于数据交换技术叙述不正确的是（　　）。

A．电路交换是面向连接的，传输过程中独享通信线路

B．报文交换引入了存储转发技术，中间节点可共享使用

C．分组交换是将大的报文切分为定长的分组，分组可选择不同路由转发

D．虚电路在分组交换网络中提供的是面向无连接服务

33. 某公司申请到一个 C 类 IP 地址，但要连接 6 个子公司，最大的一个子公司有 26 台计算机，每个子公司在一个网络中，则子网掩码应设为（　　）。

    A．255.255.255.0
             B．255.255.255.128

    C．255.255.255.192
          D．255.255.255.224

34. 对于局域网的 802.3 标准中 100BASE－T 网络描述不正确的是（　　）。

    A．使用双绞线
              B．频带传输

    C．数据传输速率 100Mbps
     D．基带传输

35. 下列有关网络安全描述不正确的是（　　）。

    A．防火墙是安装在内网与外网间的安全控制设备

    B．网络病毒有传播速度快、传染方式多、破坏性强、激发形式多样、清除难度大等特点

    C．防火墙可以有效地遏制网络病毒的传播

    D．黑客最初曾指热心于计算机技术、水平高超的高手

二、填空题（每空 2 分，共计 10 分）

36. 假设某百兆交换机有 24 个相同的以太网端口，则每个端口的传输速率为＿＿＿＿＿＿＿。

37. SMTP 的端口号是＿＿＿＿＿＿＿。

38. 计算机网络协议的三要素是语法、＿＿＿＿＿＿＿和时序。

39. IP 地址是两级层次结构，包含主机部分和＿＿＿＿＿＿＿部分。

40. IPv6 地址由＿＿＿＿＿＿＿ 位二进制组成。

三、简答题（第 41～43 题，每题 7 分，第 44 题 9 分，共计 30 分）

41. 简述什么是网络安全。

42. 画图说明 OSI 参考模型，并简述其各层的主要功能。

43. 什么是 CSMA/CD？请简述其工作原理。

44. 设一个网络的网络地址为 168.31.0.0，要将此网络划分为 16 个子网，请回答以下问题。（1）需要多少位表示子网？（2）子网掩码是多少？（3）每个子网拥有多少台主机？（4）每个子网的网络地址是多少？（5）每个子网的广播地址是多少？（6）每个子网的有效地址范围是多少？

四、实践操作题（第 45 题 7 分，第 46 题 18 分，共计 25 分）

45. 使用 1 台计算机（Windows 7 或 Windows 10）和 1 台虚拟机（Windows Server 2012），组建一个小型局域网，实现相互连通。请完成操作后记录以下内容。

（1）Windows 7 或 Windows 10 操作系统的计算机配置的 IP 地址是＿＿＿＿＿＿＿＿＿，子网掩码是＿＿＿＿＿＿＿＿＿，工作组名称是＿＿＿＿＿＿＿＿＿。

（2）Windows Server 2012 操作系统的虚拟机配置的 IP 地址是＿＿＿＿＿＿＿＿＿＿＿＿＿＿＿＿＿＿＿＿＿＿＿＿，子网掩码是＿＿＿＿＿＿＿＿＿＿＿＿＿＿＿＿，工作组名称是＿＿＿＿＿＿＿＿＿＿＿＿。

（3）请判断你所组建的这种网络属于＿＿＿＿＿＿＿＿＿＿＿＿＿＿＿＿＿＿＿（从下列选项中选择）。

    A．对等网
        B．基于服务器的网络
     C．以太网

D．双机互联　　　　　　E．局域网（LAN）　　　　　F．城域网（MAN）

G．广域网（WAN）

（4）测试计算机（Windows 7 或 Windows 10）与虚拟机（Windows Server 2012）的连通性。请记录测试结果或保存测试截图。

46．在上述 45 题组建的网络的基础上，使用 Windows Server 2012 操作系统的虚拟机作为服务器，配置 DNS 服务、FTP 服务和 Web 服务。使用计算机（Windows 7 或 Windows 10）进行访问、验证和测试。请按以下要求完成操作。

（1）设计制作以"个人简介"为主题的网页，包括班级、学号、姓名、个人爱好、梦想和个人靓照等。

（2）配置 DNS 服务器。以姓名全拼为例配置域名服务器，如姓名"张三"，则配置域名为"zhangsan.edu.cn"。

（3）配置 FTP 服务器。主机名为"ftp+学号的后 2 位"，如学号为 05，则主机名为"ftp05"。通过局域网中的任何一台计算机，可以实现域名访问。测试和记录验证结果，并截图。

（4）配置 WWW 服务器。主机名为"www+学号的后 2 位"，如学号为 05，则主机名为"www05"。通过局域网中的任何一台计算机，可以实现域名访问"个人简介"网页。测试记录验证结果，并截图。

基本要求

1. 了解大型网络系统规划和管理方法。
2. 具备中小型网络系统规划和设计的基本能力。
3. 掌握中小型网络系统组建和设备配置调试的基本技术。
4. 掌握企事业单位中小型网络系统现场维护与管理的基本技术。
5. 了解网络技术的发展。

考试内容

一、网络规划与设计

1. 网络需求分析。
2. 网络规划设计。
3. 网络设备及选型。
4. 网络综合布线方案设计。
5. 接入技术方案设计。
6. IP 地址规划与路由设计。
7. 网络系统安全设计。

二、网络构建

1. 局域网组网技术。
（1）网线制作方法。
（2）交换机配置与使用方法。
（3）交换机端口的基本配置。
（4）交换机 VLAN 配置。
（5）交换机 STP 配置。
2. 路由器配置与使用。
（1）路由器基本操作与配置方法。
（2）路由器接口配置。
（3）路由器静态路由配置。
（4）RIP 动态路由配置。
（5）OSPF 动态路由配置。
3. 路由器高级功能。

（1）设置路由器为 DHCP 服务器。

（2）访问控制列表的配置。

（3）配置 GRE 协议。

（4）配置 IPSec 协议。

（5）配置 MPLS 协议。

4．无线网络设备的安装与调试。

三、网络环境与应用系统的安装调试

1．网络环境配置。

2．WWW 服务器的安装调试。

3．E-mail 服务器的安装调试。

4．FTP 服务器的安装调试。

5．DNS 服务器的安装调试。

四、网络安全技术与网络管理

1．网络安全。

（1）网络防病毒软件与防火墙的安装与使用。

（2）网站系统的管理与维护。

（3）网络攻击的防护与漏洞查找。

（4）网络数据备份与恢复设备的安装与使用。

（5）其他网络安全软件的安装与使用。

2．网络管理。

（1）管理与维护网络用户账户。

（2）利用工具软件监控和管理网络系统。

（3）查找与排除网络设备故障。

（4）常用网络管理软件的安装与使用。

五、上机操作

在仿真网络环境下完成以下考核内容：

1．交换机配置与使用。

2．路由器基本操作与配置的方法。

3．网络环境与应用系统安装调试的基本方法。

4．网络管理与安全设备、软件安装、调试的基本方法。

考试方式

上机考试，考试时长为 120 分钟，总分为 100 分。

附录2 综合测试题参考答案

一、选择题

1.D 2.A 3.C 4.C 5.C 6.C 7.D 8.D 9.C 10.C 11.B 12.D 13.D 14.A 15.C 16.B 17.A 18.A 19.A 20.B 21.C 22.D 23.D 24.A 25.C 26.D 27.B 28.C 29.B 30.A 31.C 32.D 33.D 34.B 35.C

二、填空题

36. 100Mbit/s 或 100Mbps   37. 25   38. 语义   39. 网络   40. 128

三、简答题

41～43. 略。

44. 参见"单元四21.7的【例20】"。

四、实践操作题

45.（1）和（2）略。（注:只需 IP 地址在同一网络中且工作组相同即可。）（3）A C E （4）略。

46. 略。

参 考 文 献

[1] 郑阳平. 计算机网络技术基础与应用[M]. 北京：化学工业出版社，2014.

[2] 谢希仁. 计算机网络[M]. 7版. 北京：电子工业出版社，2017.

[3] 夏笠芹，等. Windows Server 2012 R2网络组建项目化教程[M]. 大连：大连理工大学出版社，2018.

[4] 王路群. 计算机网络基础及应用[M]. 北京：电子工业出版社，2012.

[5] 华为技术有限公司. HCNA网络技术学习指南[M]. 北京：人民邮电出版社，2015.

[6] 臧海娟，等. 计算机网络技术教程[M]. 北京：科学出版社，2013.

[7] 李志球. 计算机网络基础[M]. 3版. 北京：电子工业出版社，2010.

[8] 徐红，等. 计算机网络技术基础[M]. 2版. 北京：高等教育出版社，2018.

[9] 周舸. 计算机网络技术基础[M]. 北京：人民邮电大学出版社，2012.

[10] 阚宝鹏. 计算机网络技术基础[M]. 北京：高等教育出版社，2015.

[11] 王公儒. 综合布线工程实用技术[M]. 2版. 北京：中国铁道出版社，2015.

[12] 谢希仁. 计算机网络[M]. 3版. 大连：大连理工大学出版社，1989.

[13] 思科公司. 思科网络技术学院教程[M]. 北京：人民邮电出版社，2016.

[14] 熊桂喜，等译. 计算机网络[M]. 3版. 北京：清华大学出版社，2004.

[15] 严云洋. 全国计算机等级考试考纲·考点·考题透解与模拟（2014版）：三级网络技术[M]. 北京：清华大学出版社，2014.